黑龙江省精品图书出版工程
"十三五"国家重点出版物出版规划项目
材料科学研究与工程技术系列

航空航天构件冲压成形工艺

Stamping Qrocess of Aerospace Components

王长瑞　胡俊山　李宏钊　主编

哈尔滨工业大学出版社
HITP　HARBIN INSTITUTE OF TECHNOLOGY PRESS

内容简介

本书共 6 章,结合航空航天钣金构件的特点和发展需求,对冲压成形工艺及理论进行详细阐述,主要内容包括航空航天钣金冲压成形工艺的特点,模具设计,冲裁、弯曲、拉深、胀形等典型工艺,并且每章配有航空航天构件案例和习题。

本书可作为飞行器制造工程、材料成型及控制工程、机械工程等专业的教材,也可作为相关工程技术人员的参考书。

图书在版编目(CIP)数据

航空航天构件冲压成形工艺/王长瑞,胡俊山,李
宏钊主编. —哈尔滨:哈尔滨工业大学出版社,
2022.5
　　ISBN 978－7－5603－9795－5

　　Ⅰ.①航…　　Ⅱ.①王…②胡…③李…　　Ⅲ.①航空航
天器－构件－冲压－工艺学－高等学校－教材　　Ⅳ.
①V27 ②TG38

中国版本图书馆 CIP 数据核字(2021)第 215217 号

策划编辑　许雅莹
责任编辑　范业婷　马　媛　谢晓彤
封面设计　刘长友
出版发行　哈尔滨工业大学出版社
社　　址　哈尔滨市南岗区复华四道街 10 号　邮编 150006
传　　真　0451－86414749
网　　址　http://hitpress.hit.edu.cn
印　　刷　哈尔滨久利印刷有限公司
开　　本　720 mm×1 020 mm　1/16　印张 17.5　字数 331 千字
版　　次　2022 年 5 月第 1 版　2022 年 5 月第 1 次印刷
书　　号　ISBN 978－7－5603－9795－5
定　　价　38.00 元

前　言

随着我国航空航天事业的发展,为了满足航空航天器的轻量化要求,钣金构件的使用越来越多。冲压成形作为一种重要的钣金构件塑性成形方法,被广泛应用于航空航天、汽车制造、仪器仪表、工程建筑、体育器材、化学工业等各个领域。随着各国工业的不断发展,冲压件的应用需求量不断增大,冲压成形技术得到各个国家的高度重视。比如现代飞机的壳体主要是钣金铆接结构,统计资料表明,钣金零件占飞机零件数量的50%以上,钣金工艺装备占全机制造工艺装备的65%,其制造工作量占全机工作量的20%。

冲压成形是航空航天制造工程的一个重要组成部分,"航空航天构件冲压成形工艺"作为航空宇航制造工程类和材料加工类专业本科生必修课,相关理论的学习对本科生未来的发展至关重要。本书力图体现如下特点。

(1)面向人才培养需求。

经济全球化的发展使专业技术人才成为国内外高校、研究所及企业竞相争夺的对象,纷纷出台相关政策吸引高层次、优秀人才加入。而"航空航天构件冲压成形工艺"是航空宇航制造工程类和材料加工类专业核心课程,内容涵盖材料力学、塑性力学、工程材料、机械制造、数字化设计和自动控制等多个学科,教学中需要大量的公式推导、实验演示及课程设计。本书通过理论、典型构件案例讲解等形式提高学生的理解力和学习力。

(2)空天报国,思政引领。

本书对传统理论介绍进行优化、整理、再加工,删除了一些陈旧的技术和理论,融入航空航天特色,给出相关技术在航空航天上的典型应用,结合案例及例题讲解,提高学生的航空航天报国情怀,融入了思政教育。

(3)融入科技前沿技术。

每章结合国内外参考文献及相关研究成果,每章引入冲压成形工艺及设备的自动化和智能化发展,以提高学生们的学习兴趣,掌握该领域的学术前沿,开拓学生的视野,为后续工作或科研打下更坚实的基础。

本书共 6 章,第 1 章介绍冲压成形工艺的定义、分类及典型工艺等;第 2 章介绍冲压成形模具,包括模具结构、设计理论方法及典型航空航天应用;第 3、4、5 章介绍冲裁、弯曲、拉深工艺;第 6 章介绍航空中的其他成形工艺。相关内容在传统理论的基础上结合航空航天案例开展。

本书由南京航空航天大学王长瑞、胡俊山,安徽工程大学李宏钊主编,参与编写工作的还有刘江、任东方、陈阳、张少航、李子寅、杨子豪。

由于编者水平有限,书中难免有不足之处,敬请读者批评指正。

编 者

2022 年 1 月

目　　录

第1章 绪 论

冲压成形作为一种重要的金属塑性成形方法,因其具有技术上和经济上的优势,使其在当代工业生产中得到了广泛的重视,且占有相当重要的地位。在电子、电器、汽车、国防、通信及日用品中处处可见冲压加工产品的影子,如冰箱门板、金属插接件、计算机和手机外壳、高压锅、搪瓷盆、汽车覆盖件、枪炮弹壳、飞机上的蒙皮等。随着各国工业的不断发展,冲压件的应用需求量不断增大,冲压技术得到各个国家的高度重视。在我国制造行业中,冲压成形工艺拥有互换性强、质量稳定、可行性高以及操作简单等优势,已经在我国加工行业和钢材制造业中得到了大量应用,具有极为广阔的发展前景。

1.1 冲压成形简介

1.1.1 冲压成形工艺的定义

冲压成形工艺是靠压力机和安装在压力机上的模具对板材、带材、管材和型材等施加外力,当金属板材内部产生变形的应力达到一定的数值时,材料的某个部分便产生与应力性质相对应的变形,使材料产生塑性变形或分离,从而获得具有一定的形状、尺寸和性能的工件的一种成形加工方法。

冲压成形工艺是塑性加工的基本方法之一,它主要用于加工板材零件,所以有时也称之为板材冲压成形。冲压成形工艺不仅可以加工金属板材,还可以加工非金属板材。在全世界的钢材中,有 $60\%\sim70\%$ 是板材,其中大部分是经过冲压成形工艺制成的产品。

1.1.2 冲压成形三要素

要实现对板材的冲压成形加工,必须包含板材、冲压模具和冲压成形设备:板材是冲压成形加工的对象,是直接成形出具有一定形状、尺寸及功能的零件的原料,如钢、铝、铜等;冲压模具是实现冲压成形工艺的工具,能制造出一定数量的冲压件;冲压成形设备是实现冲压成形时提供外力的成套机器、装置、加工中心或生产线。因此,板材、冲压模具和冲压成形设备合称冲压成形三要素,如图1.1所示。

(a) 板材

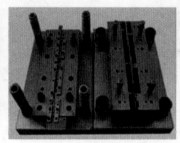
(b) 冲压模具

(c) 冲压成形设备

图 1.1 冲压成形三要素

1.1.3 冲压成形工艺的分类

根据加工温度可将冲压成形工艺分为冷冲压成形和热冲压成形:在常温下的冲压成形称为冷冲压成形,适用于加工塑性较好的薄板材;将板材加热至一定温度并保温一段时间后进行冲压成形的方法称为热冲压成形,适用于加工变形抗力高、塑性较差的板材,当板材厚度达到 8~10 mm 及以上时也可采用热冲压成形。

热冲压成形工艺利用金属热塑性成形的原理,能够在成形的同时实现对板材的淬火热处理,从而提高材料的成形性能,大大扩展了高强度、超高强度钢在工业领域的应用范围。按照工艺过程可分为直接热冲压成形工艺和间接热冲压成形工艺,热冲压成形工艺原理如图 1.2 所示。热冲压成形原则上只能使用一道冲压成形,因此零件的外形设计要充分考虑其工艺特点。对于冲压深度很深、成形难度很大的通道类零件,可以先采用冷冲压成形进行预成形,然后再进行热冲压成形,但设备投资和零件价格会相对较高。

与冷冲压成形相比,热冲压成形具有的优点主要表现在以下几个方面。

(1)成形性相对较好,板材在高温条件下具有更好的流动性,加工几何形状更复杂的零件时可一次成形。

(2)冲压成形所需的设备吨位较小,一般 800 t 的高速液压压力机就能满足大部分车身零件热冲压成形所需。

(3)尺寸精度好,热冲压件的强度在 1 500 MPa 左右,几乎没有回弹,这在钢板热冲压成形新技术发明应用之前是不能想象的;而冷冲压件的强度只有 600 MPa 左右,却存在明显回弹。

(4)零件表面硬度、抗凹性和刚度好,成形后的零件抗拉强度可达 1 500 MPa 以上,且具有更好的耐磨性。

(5)零件外形设计可以简化,材料的焊接性能好。

但是热冲压成形工艺也存在自身的缺点,主要如下。

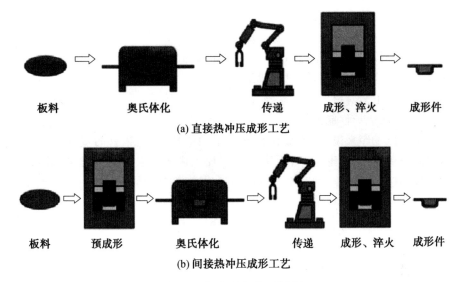

(a) 直接热冲压成形工艺

(b) 间接热冲压成形工艺

图 1.2 热冲压成形工艺原理

（1）生产节拍相对慢一些。

（2）由于热冲压模具价格较高，能耗相对较大，后续又要采用激光切割，所以热冲压件的制造成本较高。

（3）采用非镀层钢板进行热冲压成形时，工作环境相对恶劣，容易产生喷丸变形。

（4）热冲压成形生产线的固定投资较大。

1.2 冲压成形产品材料

1. 材料的规格

冲压成形常用材料包括板（状）料、卷料、带料、条料、箔料等。板材的使用场合比较多；板材的尺寸规格用厚度×宽度×长度表示，一般用于大型零件的冲压成形；对于中、小型冲压件，一般是将板材剪裁成条料使用。带料主要是薄料，宽度在300 mm以下，长度可达数十米，成卷供应，用于大批量生产的自动送料，以提高生产效率。

2. 材料的基本要求

虽然冲压成形用的原材料有很多种类，它们的性能也有很大的差别，但是用于冲压成形的板材不仅要满足零件的使用要求，还要满足冲压成形工艺的要求以及冲压成形后的加工要求（如电镀、点焊、切削加工等）。

板材对于冲压成形工艺的适应能力称为冲压成形性能。板材的冲压成形性能好,则说明板材便于进行冲压成形加工,其在冲压成形过程中的极限变形程度大,这有利于提高零件质量,延长模具的使用寿命。影响板材的冲压成形性能的因素有很多,主要是成形极限以及成形质量。

冲压成形工艺对材料的基本要求如下。

(1)对冲压成形性能的要求。

对于分离工序来说,要求板材具有一定的塑性,但是板材的塑性越高,材料越不容易分离;对于成形工序,为了有利于加工成形和保证工件质量,板材应具有良好的冲压成形性能,即具有良好的塑性、抗破裂性、贴模性和定形性等。

(2)对表面质量的要求。

为了保证工件的质量和模具的使用寿命,防止零件冲压成形时破裂,要求板材的表面应光洁平整、无分层、无损伤缺陷、无锈斑、氧化皮及其他附着物。

(3)对板材厚度公差的要求。

在冲压成形工序中,板材厚度的公差不能太大,因为一定的冲裁模间隙适用于一定厚度的材料。如果板材厚度的公差过大,不仅直接影响冲压件的质量,还可能产生废品,使模具或设备过载而损坏,所以板材的厚度公差应符合国家标准规定。

3. 材料的种类

冲压成形用板材主要是金属材料,有时也用非金属材料。常用的金属材料分为黑色金属和有色金属两种。为了满足某些特殊需要,冲压成形生产中可能会用到复合金属板,这些板材兼有其组分的力学性能和物理性能。常见的冲压成形用板材见表1.1。

表 1.1　常见的冲压成形用板材

冲压成形用板材	典型材料	用途
黑色金属	普通碳素结构钢板,如 Q234、Q235	主要用于平板类工件或变形量小的简单工件
	优质碳素结构钢板,如 08F	主要用于形状复杂的弯曲件和拉深件
	低合金结构钢板,如 Q345、Q295	广泛用于压力容器、化工设备、车辆、船舶等
	电工硅钢板,如 D12,D21	主要用于电机、电器、电工仪表中的磁性材料
	不锈钢板,如 304 不锈钢	用于板式换热器、波纹管、家庭用品、汽车配件、医疗器具

续表 1.1

冲压成形 用板材	典型材料	用途
有色金属	黄铜板,如 H62、H68	用于冲压件、弯曲件和浅拉深件
	铝板,如 L2、L3、L5	广泛应用于航空航天、仪表和无线电工业
	钛合金板,如 TA5、TA6、Ti—Al	用于飞机蒙皮、骨架零件、压气机壳体、叶片等
	镍铜合金板	广泛用于造船、石油、化工、建筑、电力、精密仪表、医疗器械、乐器制作等部门作为耐腐蚀的结构件
非金属	绝缘胶木板	主要用于轻工业和建材业相应的产品中
	纸板	
	橡胶板	
	有机玻璃层压板	
	纤维板	
	毡板	

1.3　冲压成形工艺的特点

冲压成形工艺相对于锻造、铸造和切削加工等成形方法具有以下特点。

(1)应用范围广。冲压成形工艺可加工的材料包括金属材料(如不锈钢、碳素钢、铝、铜、钛合金等)和非金属材料(如胶木、有机玻璃、纸板、皮革等),其加工的零件广泛应用于汽车、飞机、仪器仪表、工程建筑等领域。

(2)生产率高。在普通压力机上一般每分钟可加工的零件达几十件,使用高速压力机生产时,每分钟加工的零件可达数百件或千件以上。这是因为冲压成形工艺是使用模具和设备来完成加工的,普通压力机的行程次数每分钟可达几十次,高速压力机的行程次数每分钟可达数百次甚至千次以上,而且每次冲压行程就可以得到一个冲压件,因此适合大批量生产。

(3)材料利用率高,能耗低。冲压成形加工是少无切削加工的一种工艺方式,部分冲压件直接成形,无须进行其他的再加工,节省原材料,材料的利用率可高达 75%~95%。由于冲压成形生产坯料一般是比较薄的板材,变形抗力较低,加工时一般不需要加热毛坯,也不像切削加工那样大量切削金属,所以节省能源。

（4）产品精度高，质量稳定。冲压件的尺寸公差主要由模具精度来保证，一般精度可达 IT8～IT10，最高可达 IT7；冲压成形时由于模具保证了冲压件的尺寸和形状精度，且一般不破坏冲压件的表面质量，而模具的使用寿命又比较长，所以冲压件的质量稳定，互换性良好，成形一致性高。

（5）可成形复杂零件。冲压成形工艺借助压力机上的模具使材料产生变形，在材料消耗不大的情况下能获得壁薄、质量轻、刚性好、表面质量高、形状复杂的零件。

（6）操作简单，劳动强度低，便于实现机械化和自动化生产。

（7）冲压成形制模成本高。冲压成形所用的模具一般不具有通用性，有时一个复杂的零件需要数套模具才能加工成形，且模具制造的精度、技术要求高，生产周期长，生产成本高（占产品成本的 10%～30%），属于技术密集型产品，只有在冲压件生产批量较大的情况下，冲压成形加工的优点才能充分体现出来，获得良好的经济效益，因此不适合进行小批量生产。

（8）冲压成形时产生的噪声和振动大，手工操作劳动强度大，安全性较差。这些问题并不完全是冲压成形工艺及模具本身带来的，而主要是传统的冲压成形设备落后所造成的。

（9）随着板材强度的提高，传统的冷冲压成形工艺在成形过程中容易产生破裂问题，无法满足高强度钢板的加工工艺要求；此外，由于受到材料塑性以及变形抗力的限制，冲压成形工艺不适合加工形状复杂的厚壁零件。

1.4　冲压成形基本工序分类

由于冷冲压成形加工的工件形状、尺寸、精度要求、批量大小、原材料性能等不同，其冲压成形方法多种多样，但概括起来可分为分离工序和成形工序两大类：分离工序是将冲压件或毛坯沿一定的轮廓相互分离；成形工序是在材料不产生破坏的前提下使毛坯发生塑性变形，形成所需要形状及尺寸的工件。图 1.3 所示为冲压过程中材料的应力－应变关系图。

在冲压成形时，成形材料内部应力超过强度极限，使材料发生断裂而产生分离，板材按一定的轮廓线分离而获得一定的形状、尺寸和切断面质量的冲压件的工序称为分离工序，包括落料、冲孔、剪切、切口、切边、剖切等；成形材料内部应力超过屈服极限，而未达到强度极限，使材料产生塑性变形，获得一定形状和尺寸的零件的工序称为成形工序，包括弯曲、卷圆、拉弯、扭弯、拉深、变薄拉深、翻边、缩口、扩口、起伏成形、卷边、胀形、旋压、整形、校平、压印、冷挤压等。冲压成

形基本工序见表 1.2。根据产品零件的形状、尺寸精度、功能要求等可选择合适
的工序对毛坯板材进行加工,以获得合格的零件。

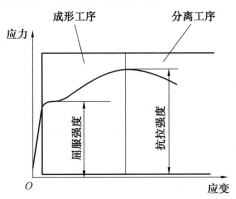

图 1.3 冲压过程中材料的应力—应变关系图

表 1.2 冲压成形基本工序

工序分类	基本工序
分离工序	落料、冲孔、剪切、切口、切边、剖切、整修、精冲
成形工序	弯曲、卷圆、拉弯、扭弯、拉深、变薄拉深、翻边、缩口、扩口、起伏成形、卷边、胀形、旋压、整形、校平、压印、冷挤压

1.4.1 分离工序

1.落料

用模具沿封闭轮廓线冲切板材,冲下的部分是工件,余下的部分是废料,则
称为落料,落料工序如图 1.4 所示。由于凸模、凹模的凸边有刃口,在加压的同
时发生剪切作用,从板材上切下所需形状和尺寸的坯料,以便进行下一步工序,
有时也可一次落料即得成品。落料工序常用于需进一步加工工件的下料,或直
接冲制出工件。

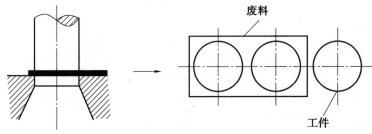

图 1.4 落料工序

2. 冲孔

用模具沿封闭轮廓线冲切板材,冲下的部分是废料,余下的部分是工件,则称为冲孔,冲孔工序如图 1.5 所示。冲孔的类型包括十字孔、菱形孔、鱼鳞孔、八字孔、六方孔、冲孔板、长孔、四方孔、圆孔、冲孔板网、三角孔等。

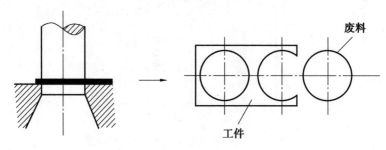

图 1.5　冲孔工序

3. 剪切

依靠剪刀或冲模沿不封闭轮廓切断板材的过程称为剪切,被分离的材料称为零件或者工序件,其多用于加工形状简单的平板类零件,剪切工序如图 1.6 所示。剪切过程可分为两步,首先是刀片或冲模压入金属(包括弹性压入和塑性压入),然后是金属产生滑移,直至断裂。

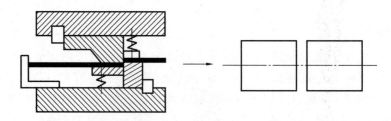

图 1.6　剪切工序

4. 切口

将材料局部分离而不是完全分离,并使被局部分离的部分达到工件所要求的形状和尺寸,不再位于分离前所处的平面上的工艺称为切口,切口工序如图 1.7所示。其是在坯料上沿不封闭线冲出缺口,切口部分发生弯曲。常见为长方形,只切三边而保留一边不动,主要作用为定步距。

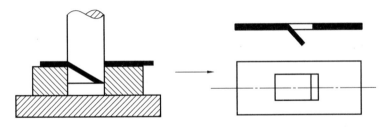

图 1.7　切口工序

5. 切边

修切成形工件多余的边缘材料,使之具有一定的形状和尺寸的工序称为切边,切边工序如图 1.8 所示。它是利用冲模沿封闭线冲切板材,冲切下来的部分为冲件。

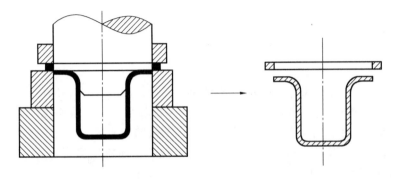

图 1.8　切边工序

6. 剖切

利用剖切模沿不封闭轮廓将半成品切离为两个或数个工件的工序,剖切工序如图 1.9 所示。其主要用于不对称零件的成形或成组冲压成形之后的分离。

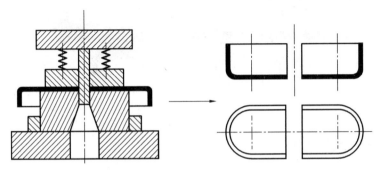

图 1.9　剖切工序

7. 整修

沿半成品工件被冲裁的外缘或内孔修切掉少量材料,以提高工件尺寸精度和冲裁截面光洁度,降低断面的表面粗糙度,提高断面垂直度的工序称为整修,整修工序简图如图 1.10 所示。整修工序的目的是改善断面质量,减小塌角、断裂带,增加光亮带。

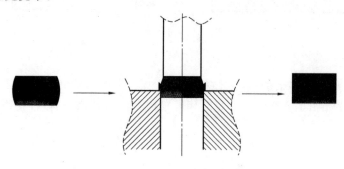

图 1.10　整修工序简图

8. 精冲

使坯料处于三向受力的状态下,利用精冲模进行冲裁,冲裁出的剪切面无裂纹和撕裂、断面光洁度高且垂直、尺寸精度高的零件的工序称为精冲,精冲工序如图 1.11 所示。精冲包括强力压边精密冲裁、对向凹模精密冲裁和平面压边精密冲裁。精冲工件的几何形状、尺寸公差和形位公差以及剪切面质量都远高于普通冲裁的工件,因此精密冲裁可作为精度要求较高的工件的最终加工工序。目前,精密冲裁已广泛应用于钟表、照相机、电子仪表以及精密器械的生产制造中。

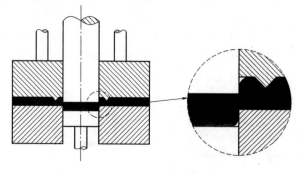

图 1.11　精冲工序

1.4.2　成形工序

1. 弯曲

用弯曲模使板材、管材、型材或棒料等产生塑性变形,按照设计要求弯成一定的曲率和一定的角度,形成所需形状零件的冲压工序称为弯曲,弯曲工序如图1.12所示。它可以加工各种复杂的弯曲件。

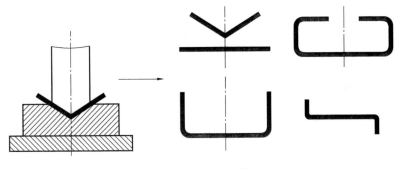

图 1.12　弯曲工序

2. 卷圆

将工序件边端弯曲成接近封闭圆形的工序称为卷圆,卷圆工序如图 1.13 所示。它可以加工类似铰链的零件,例如小桌板合页。

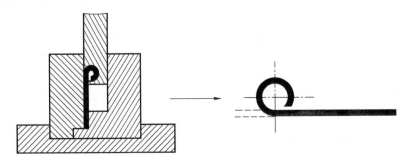

图 1.13　卷圆工序

3. 拉弯

拉弯就是把金属板材、管材、型材等弯曲成一定曲率、形状和尺寸的工件的冲压成形工艺。拉弯是在拉力和弯矩的共同作用下实现弯曲变形,使坯料的整个弯曲横断面全部受到拉应力作用,从而减小弯曲件的回弹,提高弯曲件的精度,拉弯工序如图 1.14 所示。按照工艺特点可将飞机蒙皮常用拉弯工艺分为顶弯、压弯、滚弯和拉弯。

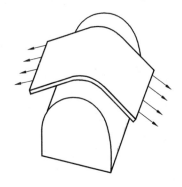

图 1.14　拉弯工序

4. 扭弯

将平直或者局部平直工件的一部分相对于另一部分扭转到一定角度的工序称为扭弯,扭弯工序如图 1.15 所示。

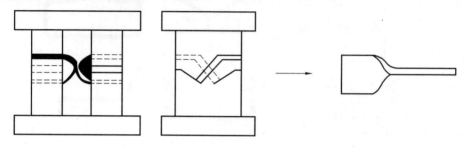

图 1.15　扭弯工序

5. 拉深

利用拉深模具将冲裁好的平板毛坯压制成各种开口的空心工件,或将已制成的开口空心工件加工成其他形状空心工件的一种冲压成形方法称为拉深,也称拉延,拉深工序如图 1.16 所示。用拉深工艺可以制得筒形、阶梯形、球形、锥形、抛物线形等旋转体零件,也可以制成方盒形等非旋转体零件。若和其他成形工艺复合,则可加工出形状非常复杂的零件。

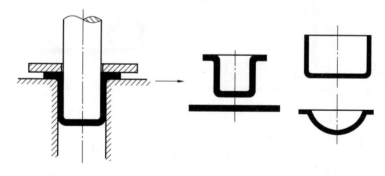

图 1.16　拉深工序

6. 变薄拉深

将拉深后的空心半成品进一步拉深,使其侧壁减薄、高度增大,以获得底部厚度大于侧壁厚度的大高径比零件的工序称为变薄拉深,变薄拉深工序如图 1.17所示。变薄拉深的零件冷作硬化程度很大,金属晶粒变细,其强度增加,拉深过程中没有起皱问题,因此不需要压边,其切向变形量比一般的拉深要小得多。

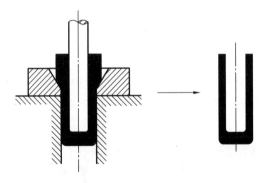

图 1.17 变薄拉深工序

7. 翻边

在坯料的平面部分或曲面部分,利用模具的作用,使之沿封闭或不封闭的曲线边缘形成有一定角度的直壁或凸缘的成形工艺称为翻边。在预先冲孔的半成品上或者未冲孔的板材上冲制出竖立的边缘称为内孔翻边,内孔翻边工序如图 1.18 所示。将板材半成品的边缘沿曲线或圆弧翻出竖立的边缘称为外缘翻边,外缘翻边工序如图 1.19 所示。翻边部分主要用于冲压件之间的相互连接(焊接、铆接、黏结等),有的翻边是为了满足产品流线或美观方面的要求。

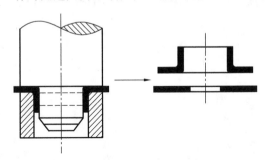

图 1.18 内孔翻边工序

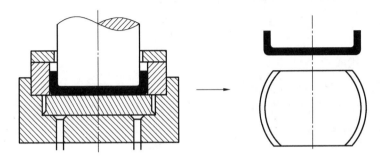

图 1.19 外缘翻边工序

8. 缩口

通过缩口模具将预先成形好的空心筒形件或管件坯料口部直径缩小,获得口部或中部直径较小的零件的一种成形工序称为缩口,缩口工序如图 1.20 所示。缩口工序的应用比较广泛,可用于子弹壳、炮弹壳等零件的成形。对细长的管状类零件,有时用缩口代替拉深可取得更好的效果。

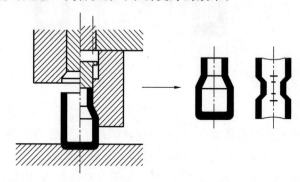

图 1.20　缩口工序

9. 扩口

将空心工序件或管状件的口部向外扩张,形成口部直径较大的零件的冲压工序称为扩口,扩口工序如图 1.21 所示。

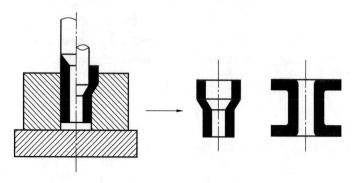

图 1.21　扩口工序

10. 起伏成形

平板毛坯在模具的作用下发生局部胀形而形成各种形状的凸起或凹下的冲压方法称为起伏成形,起伏成形工序如图 1.22 所示。起伏成形主要用于加工筋条、加强筋、局部凹槽、文字、花纹等。

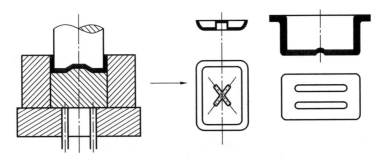

图 1.22 起伏成形工序

11. 卷边

将空心工件的口部边缘卷成接近封闭圆形以增加工件边缘的刚性和强度的工序称为卷边,卷边工序如图 1.23 所示。

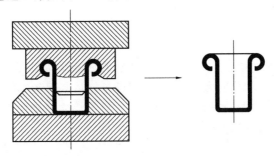

图 1.23 卷边工序

12. 胀形

管坯内部或在板坯一侧通以高压液体、气体或放入刚体瓣模,迫使管坯或板坯产生塑性变形,使毛坯的局部厚度减薄和表面积增大以获得零件几何形状的冲压成形加工方法称为胀形,胀形工序如图 1.24 所示。胀形主要用于平板毛坯的局部胀形(压凸起、凹坑、加强筋、花纹、图形及标记等)、圆柱空心毛坯的胀形及拉形等。

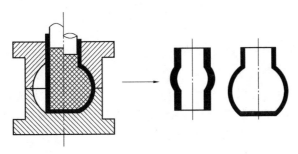

图 1.24 胀形工序

13. 旋压

将平板或空心坯料固定在旋压机模具上,在坯料随机床主轴转动的同时,用旋轮或赶棒加压于坯料,使之产生局部的塑性变形的冲压方法称为旋压成形,如图 1.25 所示。这是一种生产薄壁回转体工件的成形工艺,多用于搪瓷和铝制品工业中,在航天和导弹工业中也应用得较为广泛。旋压成形主要分为普通旋压和强力旋压(变薄旋压)。

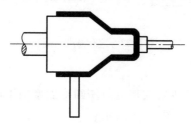

图 1.25　旋压成形

14. 整形

利用模具使弯曲或拉深后形状不太准确的冲压件局部或整体产生很少的塑性变形,以得到准确的尺寸和形状,提高工件精度或获得较小的圆角半径零件的冲压成形方法称为整形,整形工序如图 1.26 所示。整形通常在弯曲、拉深、成形工序之后,主要针对空间形状工序件。

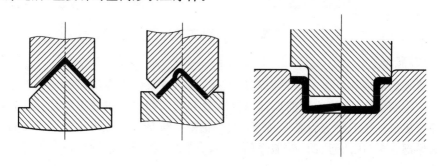

图 1.26　整形工序

15. 校平

把不平整的工件压平的工序称为校平,校平工序如图 1.27 所示。校平主要是为了提高工件的平面度,校平方式有模具校平、手工校平和在专门校平的设备上校平。根据板材厚度以及表面是否允许压痕可将校平分为光面校平和齿面校平,对于软而薄的材料一般采用光面校平,对于硬而厚的板材一般采用齿面校平。

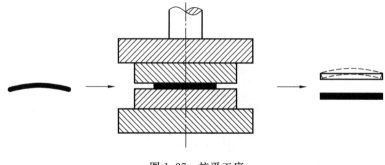

图 1.27 校平工序

16. 压印

将板材放在上、下模之间,在压力作用下使其材料厚度发生变化,并将挤压外的材料充填在有起伏细纹的模具型腔凸、凹处,而在工件表面形成起伏鼓凸的字样或花纹的一种成形方法称为压印,压印工序如图 1.28 所示。硬币、纪念章等都是用压印的方法成形的。为了避免金属受压后被挤出模外,压印工序大多数都是在封闭的模腔内进行。对于较大的压印工件,可利用敞开的模腔进行压制。

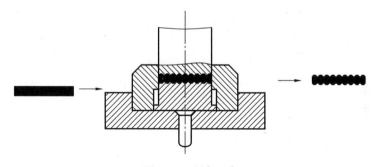

图 1.28 压印工序

17. 冷挤压

把金属毛坯放在冷挤压模腔中,在室温下,通过压力机上固定的凸模向毛坯施加压力,使金属毛坯产生塑性变形而制得工件的冲压成形加工方法称为冷挤压,冷挤压工序如图 1.29 所示。冷挤压是在三向应力的状态下,材料在凸、凹模间隙或者凹模模口处流动,从而将毛坯变成空心工件或断面比毛坯断面要小的工件。

在实际生产中,尤其是进行大批量生产时,为了提高生产效率、降低工件成本、便于实现自动化生产、满足生产的需要,往往需要采用组合工序,即将两个以上的单独工序组成一道工序,在压力机的一次行程中完成,构成复合、级进、复合—级进的组合工序。

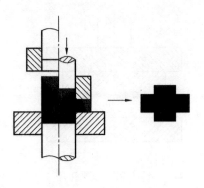

图 1.29　冷挤压工序

　　上述冲压成形的分类方法是根据材料的成形过程和工艺特点进行分类的，在进行实际的冲压件的制造时，可以根据零件的形状、功能、使用要求等选择相应的工艺方法，便于制定各类零件的冲压成形工艺并进行模具设计，因此得到了广泛的使用。但是这种分类方法不能反映出各类成形变形区的受力与变形特点，为了反映出同类成形方法的共同规律，根据其变形区的受力特点可将冲压成形工艺分为伸长类成形和压缩类成形。表 1.3 列出了伸长类成形与压缩类成形的对比。

表 1.3　伸长类成形与压缩类成形的对比

项目	伸长类成形	压缩类成形
定义	作用于毛坯变形区的拉应力的绝对值最大时，在这个方向上的变形为伸长成形，即伸长类成形	作用于毛坯变形区的压应力的绝对值最大时，在这个方向上的变形为压缩成形，即压缩类成形
工艺	内凹翻边、扩口、胀形、拉形等	筒形件拉深、缩口、外凸翻边等
变形区质量问题的表现形式	变形程度过大引起变形区破坏	压应力作用下的失稳起皱
成形极限	1. 主要取决于板材的塑性，与厚度无关 2. 可用伸长率及成形极限图（FLD）判断	1. 主要取决于传力区的承载能力 2. 决定其抗失稳能力 3. 与板材厚度有关
变形区板厚的变化	减薄	增厚
提高成形极限的方法	1. 改善板材塑性 2. 使变形均匀，降低局部变形程度 3. 工序间热处理	1. 采用多道工序成形 2. 改变传力区与变形区的力学关系 3. 采用防起皱措施

1.5 冲压成形工艺在航空航天中的应用

轻量化一直是航空航天领域研究与发展的重点方向之一,航空器大都采用薄壁钣金材料,飞机上有很多钣金件,如飞机蒙皮类零件、骨架类零件、框肋类零件、导管类零件等,如图 1.30 所示,这些零件形状复杂、种类多、生产批量小且劳动制造量大。在航空工业中钣金件占飞机总构件的比例达到 50% 以上,这些钣金件中大多是使用冲压成形工艺成形的。

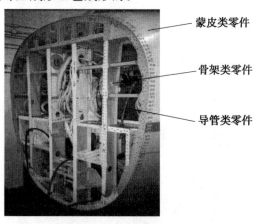

图 1.30 飞机钣金件

1. 冲压成形工艺在蒙皮类零件中的应用

对于大型飞机来说,蒙皮类零件占飞机钣金件的 17%～20%,如飞机的机身蒙皮、机翼蒙皮、前缘蒙皮、发动机舱内外蒙皮、起落架蒙皮、尾翼蒙皮、舱门蒙皮、应急舱门蒙皮和口盖等。蒙皮类零件的成形工艺通常通过弯曲制造,可分为拉形成形工艺、蒙皮拉弯成形工艺、蒙皮滚弯成形工艺、闸压成形工艺和压弯成形工艺。

拉形成形工艺是指板材两端被蒙皮拉形机的夹钳夹紧的同时,工作台顶升拉形模与板材接触,产生不均匀的平面应变而使板材与拉形模贴合的成形工艺。利用拉形成形工艺可成形飞机蒙皮、火箭壳体、卫星接收天线面板等,如采用横向拉形成形的机翼、尾翼、前缘蒙皮及缝翼蒙皮;采用纵向拉形可成形机身前段蒙皮、机身后段蒙皮、机翼蒙皮、尾翼蒙皮、翼面蒙皮、舱门蒙皮和卫星接收天线面板等。拉形模是主要的工艺装备,蒙皮拉形机是钣金成形的专用设备。图 1.31 所示为利用拉形成形工艺成形出的飞机蒙皮。

利用滚弯成形工艺可以成形飞机机身蒙皮、机翼蒙皮、副油箱外蒙皮等单曲

图 1.31　利用拉形成形工艺成形出的飞机蒙皮

度零件以及火箭直线段壳体等,蒙皮滚弯机(又称对称三轴滚)是用于制造钣金滚弯件的专用设备。图 1.32 所示为利用滚弯和压弯成形工艺成形的机翼前缘蒙皮,该蒙皮前缘半径较小,上下翼面弯曲半径较大,因此,先用滚弯成形出上下翼面的弧度,再用压弯成形工艺制出前缘弯曲部分。

图 1.32　机翼前缘蒙皮

2. 冲压成形工艺在框肋类零件中的应用

飞机框肋类零件常用作翼肋,机身隔框或其他骨架零件担负着确定飞机外形和承受气动载荷的双重任务。通常,框肋类零件属于平面零件,但其四周具有弯边,弯边是成形中的主要工序,此外可能还具有减重孔、管道通孔、长桁缺口、下陷、加强窝与加强梗,以及作为基准用的基准孔和定位孔等。其常用成形方法包括橡皮液压成形、落压成形、拉深成形、闸压成形等。

飞机中平面带弯边、变斜角、外缘变曲率及减重孔和加强梗结构的框肋类零件多采用橡皮液压成形方法,如翼肋、框缘、垫板、腹板、加强肋等,图 1.33 所示为采用橡皮液压成形制造带弯边的翼肋零件;翼尖、整流罩、整流包皮、阻力板、半管、波纹管和复杂蒙皮结构零件可采用落压成形方法;飞机、火箭上的各种盒形、筒形、球形以及各种复杂曲面的薄壁立体零件多采用拉深成形方法;对于具有各种平直截面形状的金属板箱、盒壳、肋板、U 形梁结构零件多采用闸压成形方法。

图 1.33 橡皮液压成形制造带弯边的翼肋零件

3. 冲压成形工艺在导管类零件中的应用

航空航天飞行器中含有大量的导管类零件,按功能可分为结构管子(如发动机架、起落架支架)、系统导管(如液压、燃油、冷气管道等)、超薄壁管(如通风、暖气、排气管道等)和操纵拉杆的管子,它们的外形有直管、比较规则的平面弯管和又弯又扭的空间弯管,这些零件的成形方法有弯管、扩口、缩口、旋压翻边、管端波纹成形等。图 1.34 所示为采用弯管、扩口、缩口等工艺成形的导管类零件。

图 1.34 导管类零件

4. 冲压成形工艺在型材类零件中的应用

型材类零件在飞机上所占的比例也非常大,其多用作机体的长桁、梁、框以及加强件的凸缘等。型材类零件可分为梁缘、长桁、框缘条、加强支柱、复杂形状的型材件和接头、角片等,其成形方法主要有压弯、滚弯、拉弯、制下陷、制斜角等。

如采用压弯工艺成形一些外形尺寸和曲率半径都较小的零件,或者是外形尺寸虽然较大,但只是局部弯曲的零件以及一些大截面异形型材类零件;采用一次拉弯工艺成形一些曲率半径较大、型材截面惯性矩较小的中小型型材类零件；采用二次拉弯工艺成形截面惯性矩较大、变形程度较大的大中型型材类零件；采用滚弯工艺成形飞机机身结构框、进气道隔框、加强缘条、火箭结构框等，四轴辊是型材滚弯成形的专用设备，对于一般直型材类零件的斜角可采用斜角模冲压成形。图1.35所示为飞机上典型的滚弯型材类零件。

图1.35　滚弯型材类零件

5. 冲压成形工艺在其他类零件中的应用

在飞行器结构中，有许多开口空心零件，这类零件一般是由平板毛料或空心半成品，用金属模具通过一定的工艺方法制成。如常用旋压工艺成形飞机的螺旋桨桨帽、副油箱、头罩、起落架、发动机机匣、发动机隔热罩内外椎管，导弹卫星的壳体、喷管、整流罩、雷达舱、舱段、油箱壳体、发射体前后盖、头罩，兵器中的炮管、尾喷管、壳体，船舰中的鱼雷壳体、潜望镜壳体等。图1.36所示为采用旋压工艺成形的飞机发动机机匣，该零件为回转体零件，毛坯材料在旋轮的多次挤压作用下，产生间断的局部塑性变形与芯模贴合，最后获得所需的零件。

图1.36　飞机发动机机匣

采用胀形工艺可以成形出飞机机头罩内环圈、副油箱蒙皮、油气导管接头（扩口）等；采用拉深工艺可成形航空航天飞行器上的各类盒形件、盆形件、抛物线形零件等；为了提高一些航空航天飞行器钣金件上的孔的强度和刚度，一般要对孔进行翻边处理;采用起伏成形技术冲压加强筋、加强窝以增加零件的刚度和强度;采用压印工艺在航空航天飞行器构件上的孔边缘加工出沟槽、倒圆、压平台等以提高受力构件的疲劳强度,此外,航空仪表标识件、徽章等艺术制品也是采用压印工艺成形的;采用下陷工艺即利用机械压力机、液压橡皮囊等设备使零件局部产生凹陷或凸起,可以使零件搭边或避开某个零件或组件,下陷是航空航天飞行器部件装配中常用的结构。图1.37所示为采用压印工艺成形的航空仪表标识件。

图1.37 航空仪表标识件

此外,航空航天飞行器中还存在大量的复杂曲面零件,该类零件很难采用冲压、落压等传统方式进行成形,而如果采用液压成形,需要超过90 MPa的成形压力,经常会出现起皱、开裂等缺陷。不论使用哪种成形方法,都无法一次成形,因此需采用多次成形。图1.38所示为采用充液拉深预变形并且配合冲击液压成形工艺制备的复杂航空铝合金薄壁口框零件,该技术制造的零件产品具有更均匀的壁厚减薄率、更好的小圆角填充能力,并且能够有效地抑制回弹。

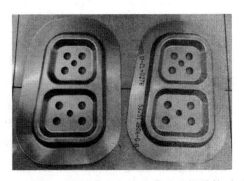

图1.38 复杂航空铝合金薄壁口框零件

1.6　冲压成形设备简介

1.6.1　冲压成形设备的分类

冲压成形设备属于锻压机械,它是实现冲压成形时提供外力的装置,不同类型的冲压成形设备具有不同的结构形式和工作特点,根据冲压成形设备的驱动方式不同,可将冲压成形设备分为以下两类。

1. 机械压力机

机械压力机是用曲柄连杆或肘杆机构、凸轮机构、螺杆机构等传递动力和压力的一种锻压机械,对坯件施加强大的压力,使其发生变形和断裂来加工零件。机械压力机包括曲柄压力机、摩擦压力机、高速冲床等,其中曲柄压力机是最常见的,绝大部分的冲压成形设备应用的都是机械压力机。

2. 液压压力机

液压压力机是一种以液体(油或水)为工作介质,根据帕斯卡原理制成的用于传递能量以实现各种工艺的机器。液压压力机一般由本机(主机)、动力系统及液压控制系统三部分组成。液压压力机的加载比较平稳,容易获得较大的压力和工作行程,但能量利用率不高,生产效率较低,一般用于整形、校形、拉深、厚板弯曲、压印等成形工艺。

冲压成形设备的基本型号由一个汉语拼音字母和一串阿拉伯数字组成。第一个字母代表压力机的大类,称为类别,例如机械压力机以汉语拼音字母 J 表示,液压压力机以汉语拼音字母 Y 表示,线材成形自动机、锻机、剪切机、弯曲校正机分别以 Z、D、Q、W 表示。第二个字母代表同一型号冲压成形设备的变形顺序,即主参数和基本型号相同,其他某些参数不相同称为变形,以字母 A、B、C、…表示压力机的第一、第二、第三、…种变形。左起第一个阿拉伯数字代表冲压成形设备在同一类别压力机中所属的列别;左起第二个阿拉伯数字代表冲压成形设备在同一列别压力机中所属的组别。第二个数字之后的数字代表冲压成形设备的规格,一般为标称压力,单位为 tf,转换为 kN 时要将此数字乘10。第二个数字和冲压成形设备的规格之间以"-"隔开。在冲压成形设备型号的末尾加字母 A、B、C、…表示压力机在结构和性能上的第一、第二、第三、…次改进。举例如下:

JA31－160A 型号的含义如图 1.39 所示。

图 1.39　JA31－160A 型号释义图

YA32－315B 型号的含义如图 1.40 所示。

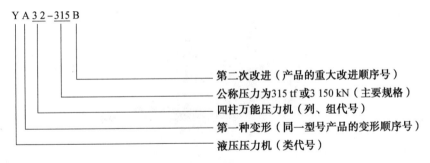

图 1.40　YA32－315B 型号释义图

1.6.2　机械压力机

机械压力机按照驱动滑块机构的种类可分为摩擦式和曲柄式。

1. 摩擦压力机

摩擦压力机机构运动简图如图 1.41 所示。摩擦压力机是利用摩擦盘与飞轮之间相互接触并传递动力，借助螺杆与螺母的相对运动原理而工作的。

摩擦压力机的结构简单，但飞轮轮缘磨损大，能量损耗大，生产效率低，适用于中小型件的冲压成形加工，对于校正、校平、压印和成形、切边等冲压成形工序尤为适用。图 1.42 所示为摩擦压力机。

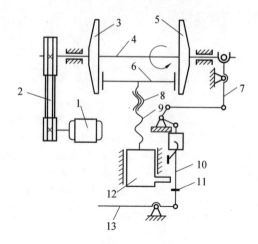

图 1.41　摩擦压力机机构运动简图
1—电机；2—传送带；3、5—摩擦盘；4—轴；6—飞轮；7、10—连杆；
8—螺母；9—螺杆；11—挡块；12—滑块；13—手柄

图 1.42　摩擦压力机

2. 曲柄压力机

　　曲柄压力机机构运动简图如图 1.43 所示，其工作原理是利用电动机通过小皮带轮和传动带把能量和速度传递给大皮带轮，再经过传动轴、小齿轮和大齿轮传递给曲轴，连杆上端安装在曲轴上，下端与滑块相连接，通过曲轴上的曲柄把旋转运动变为滑块的往复直线运动。滑块运动的最高点为上止点，滑块运动的最低点为下止点。冲模的上模和滑块相连接，下模安装在工作台上，因此，当板材放在上模和下模之间时，通过滑块带动上模运动即可进行冲压成形加工。冲压成形工作完成后滑块回程上行，离合器自动脱开，同时曲轴上的制动器接通，使滑块停止在上止点位置附近。

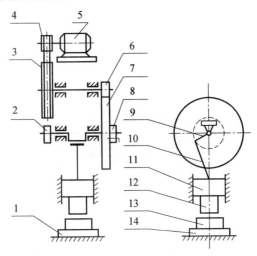

图 1.43　曲柄压力机机构运动简图

1—机身；2—制动器；3—大皮带轮；4—小皮带轮；5—电动机；6—小齿轮；7—大齿轮；
8—离合器；9—曲轴；10—连杆；11—滑块；12—上模；13—下模；14—工作台

由于机械压力机的载荷是冲击性的，即在一个工作周期内冲压成形工作的时间很短，冲压成形过程中瞬时的最大功率比平均功率大十几倍以上，因此曲轴对外输出的转矩呈周期性变化，曲轴转速也不稳定。为了改善这种状况，在曲轴后端安装飞轮，在进行冲压成形行程时，曲轴转速降低，飞轮释放能量；在完成冲压成形行程后，曲轴转速增大，飞轮存储能量，以备下次冲压成形使用。

曲柄压力机的生产率高，适用于各种类型的冲压成形加工。根据机身结构可将曲柄压力机分为开式压力机和闭式压力机两类。

图 1.44 所示为闭式压力机，其机身两侧都是封闭的，因此只能从前后两个方向送料，操作空间较小，安装模具不方便；不过闭式压力机的机身对称，床身刚度大，压力机精度高。因此，精度要求较高的轻型压力机、压力超过 2 500 kN 的中大型压力机都采用此种结构形式。

闭式压力机根据运动滑块的个数又可分为单动压力机、双动压力机和三动压力机。目前，使用最多的单动压力机、双动压力机及三动压力机主要用于复杂工件的拉深。

开式压力机机身前面、左右面三面敞开，操作空间大，安装模具方便，易于安装机械化附属装置，但因为机身结构呈 C 形，为不对称结构，因此，机身刚度较差，在较大的工作压力下，床身的变形会改变冲模间隙分布、降低模具寿命和冲压件表面质量、影响零件精度。因此，这类压力机的吨位比较小，通常在 2 000 kN 以下，其一般用于中小型冲裁件、弯曲件和拉深件的冲压成形。

图 1.44　闭式压力机

开式压力机又分为开式单柱式压力机和开式双柱式压力机。开式单柱式压力机机身三面敞开,立柱无开口,只能左右送料,如图 1.45 所示;开式双柱式压力机机身后壁有开口,形成两个立柱,可前后、左右送料,如图 1.46 所示。

图 1.45　开式单柱式压力机　　　　　　图 1.46　开式双柱式压力机

3. 高速冲床

高速冲床是一种高效精密的数字操控冲床,其工作原理与曲柄压力机相同,如图 1.47 所示。其刚度大、精度高、行程次数多、操作简单,工作时由程序控制系统将圆周运动转换为直线运动,通过一系列的做工对材料施以压力,使其产生塑性变形,从而得到所要求的形状与精度。高速冲床一般带有自动送料装置、安全检测装置等辅助装置。高速冲床的生产率很高,因此适用于大批量生产,模具一般采用多工位级进模,如图 1.48 所示。

图 1.47　高速冲床

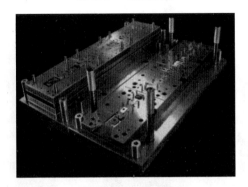

图 1.48　多工位级进模

1.6.3　液压压力机

液压压力机是根据帕斯卡原理,以水或油作为工作介质,利用液体的压力能,靠静压力传递进行工作,使工作横梁做上下往复运动的压力机。图 1.49 所示为液压压力机工作原理简图,液体推动活塞运动,使飞轮和螺杆旋转,带动滑块进行直线运动,滑块的运动速度由液体压力和流速共同控制。在小批量生产中,尤其是大型厚板冲压件的生产中多采用液压压力机。

液压压力机与机械压力机相比,容易获得较大的压力和较大的工作行程,并能在行程的任意位置上发挥全压,液压压力机具有较大的工作空间,其压力与速度可以在大范围内进行无级调节。但是,液压压力机对液压元件的精度要求较高,结构较复杂,机器的调整和维修比较困难,由于使用液体作为工作介质,因此容易发生泄漏问题;液体在流动时存在压力损失,因而效率也较低,且运动速度较慢,降低了生产效率。图 1.50 所示为典型的液压压力机。

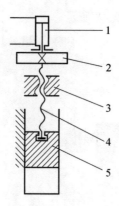

图 1.49 液压压力机工作原理简图
1—液压缸;2—飞轮;3—螺母;4—螺杆;5—滑块

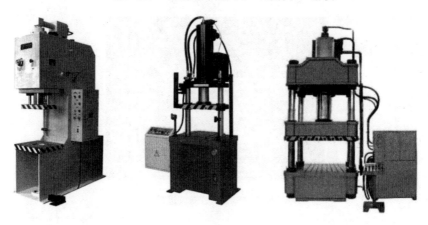

图 1.50 典型的液压压力机

1.6.4 压力机的技术参数

1.公称压力

公称压力指滑块离开下止点前某一特定距离或曲柄旋转至下止点前某一特定角度(公称压力角,一般为 20°~30°)时滑块所能承受的最大压力,压力机的公称压力必须大于冲压成形工艺所需的冲压成形工艺压力的总和。选择公称压力时,冲裁、弯曲时,压力机的公称压力一般比计算压力大 30%;拉深时,压力机的公称压力比计算压力大 60%~100%。我国生产的压力机的公称压力已系列化,如 63 kN、100 kN、160 kN、250 kN、400 kN、630 kN、800 kN、1 000 kN、1 250 kN、1 600 kN、2 500 kN、3 150 kN、4 000 kN、6 300 kN 等。

2. 滑块行程

滑块行程是曲柄旋转一周时,滑块所移动的距离或者滑块从上止点运动到下止点的位移,其值为曲柄半径的两倍。在选择压力机时,滑块行程要保证冲压成形时毛坯能顺利地进入到模具中,冲压成形完成后冲压件能够顺利地从模具中取出。尤其在进行弯曲件和拉深件的冲压成形时,滑块行程长度要大于零件高度的 2.5~3 倍。

3. 滑块行程次数

滑块行程次数指滑块每分钟往复运动的次数,对于连续生产来说,滑块行程次数就是每分钟生产的工件数量。滑块行程次数一般根据材料的变形要求和生产效率来选择,生产效率越高,滑块的行程次数也越多。

4. 工作台面尺寸

工作台面尺寸以左右×前后的尺寸表示,为了便于安装固定模具用的螺栓、垫板和压板,工作台面的长、宽尺寸应比下模座尺寸多出 60~100 mm。

5. 工作台孔尺寸

压力机的工作台孔呈方形或圆形,或同时兼有两种形状。工作台孔为方形孔时,其尺寸用左右×前后表示;工作台孔为圆形孔时,其尺寸用直径表示。当模具为下出料结构时,该孔用作下出料口;当模具为上出料结构时,该孔用于安装模具的顶件装置。

1.7 冲压成形技术的发展趋势

1. 工艺分析计算方法更加现代化

伴随着有限元理论及技术的日渐成熟而发展起来的计算机模拟分析技术使得板材成形这一几何非线性、物理非线性、接触非线性的复杂力学过程能够更加直观地呈现给用户,从而改变以往有限元分析技术只能解决板材起皱、开裂等成形缺陷的问题,还可以更加准确地预测板材成形过程,优化冲压成形工艺方案,有效控制板材回弹,减少零件缺陷。此技术不仅打破了以往凭借经验设计、反复调试工艺参数的传统工作方法,从而达到提高零件成形精度、节省昂贵的实验费用、缩短新产品的试制周期的要求,而且能建立一套紧密结合生产实际的先进设计方案。

2. 冲压成形模具设计制造更加现代化及绿色化

大力发展计算机辅助设计、计算机辅助制造、计算机辅助工程技术（CAD/CAM/CAE）在模具中的应用，最终达到模具 CAD/CAM/CAE 一体化。将绿色制造理念贯穿于模具的设计、制造、报废、回收等产品生命的各个周期。

选用易加工、成本低、加工过程能耗低且污染少或无污染、可重复多次使用、易于回收处理的材料作为模具材料，采用延长模具使用寿命的设计，例如在满足冲压件技术要求的前提下，尽量选择较大的冲裁模间隙；对于小孔冲孔模，设计时尽量减少凸模的长度或采用凸模保护套；对于精密冲裁模，不断提高模具导向机构的精度。采用模具的绿色并行工程设计，即在设计阶段就要考虑模具整个生命周期中从概念形成到产品报废处理的所有环节和因素，例如在小批量多品种生产中可采用通用模架、组合模具结构，从而达到一模多用，甚至还可以采用一形两面凸模、一模多形凹模等方法，以减少模具数量，节省材料。此外，要不断提高标准化模具零件所占的比例，以减少零件的设计，缩短生产周期。

图 1.51 所示为一形两面凸模，图 1.51(a)所示为 45°切角凸模，图 1.51(b)所示为拉深凸模，图 1.51(c)所示为弯曲凸模，其特点都是一面磨损后换另一面可以继续使用；图 1.52 所示为一模多形凹模，三个凸模共用一个凹模，将凹模制成一模多形可以大大降低材料与能量的损耗。

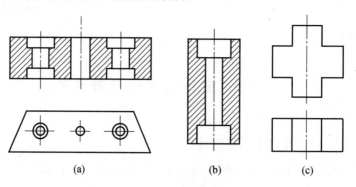

(a)   (b)   (c)

图 1.51　一形两面凸模

要想采用生产效率高、加工过程能耗低、能改善劳动条件、对环境污染小的绿色加工工艺，就要实现绿色制造，一方面需要优化目前的加工工艺，另一方面需要采用先进的模具加工技术，包括超高速加工技术，如超高速切削和超高速磨削等、干切削技术、基于快速原型制造技术的快速模具（RT）制造技术（如光固化快速成形工艺技术、叠层制造技术、选择性激光烧结快速成形工艺技术、熔化沉积技术等)、虚拟制造技术、逆向工程制造技术等。

图 1.53(a)所示为利用快速原型技术直接制备模具的型腔,进行简单的表面处理后将型腔镶嵌到标准模架中获得用于小批量生产的模具;图 1.53(b)所示为利用快速原型技术制备产品的模型,将模型放置到模架中用液态或粉末状材料浇注,当浇注材料受外界条件(如光照、加热)的刺激固化后取出模型,间接得到产品的型腔。

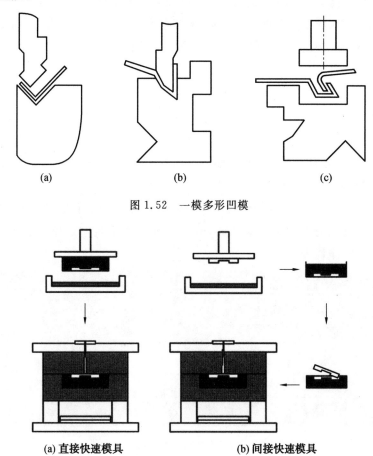

图 1.52 一模多形凹模

(a) 直接快速模具   (b) 间接快速模具

图 1.53 快速模具制备过程

采用内部结构设计合理的包装箱,选择无毒无害、易回收的绿色包装材料,不用或少用对环境有害的溶液处理模具表面,在模具设计和制造阶段注意贯穿模具可拆卸性和可回收性的绿色理念。

3. 冲压成形生产过程更加自动化、智能化

自动化、智能化技术在冲压成形生产中的应用可以显著提高冲压成形生产效率,有利于工件质量的保护,减少人力投入及提高生产线利用率等。将自动化程度较高的冲压成形设备(如数控四边折弯机、数控剪板机、数控冲压成形加工中心、激光切割与成形机、高速自动压力机、机械手、工业机器人等)应用到冲压成形生产线中能有效提高冲压成形制造过程的自动化和高效化程度。

智能化冲压成形是塑性成形技术、控制技术、计算机技术、信息技术、计算机科学与板材成形理论等有机结合而产生的综合性技术。板材智能化冲压成形是冲压成形过程自动化和柔性加工系统等技术的更高级阶段,它不仅可以改变冲压成形工艺的面貌,促进冲压成形设备的变革,而且会促进板材成形理论的进步和分析精度的提高,降低模具与设备调整的难度,缩短调模试模时间,以最佳成形参数完成冲压成形加工。板材智能冲压成形的显著特点是利用检测系统在线识别材料的特征信息,通过计算机预测最优的工艺参数,并自动以最优工艺参数完成板材的冲压成形。

图 1.54 所示为机器人冲压成形自动化生产线,机器人的应用使得冲压成形生产线具有高度的自动化和柔性化,能满足冲压成形生产效率高、冲压件质量好、安全性佳、能耗少等要求。

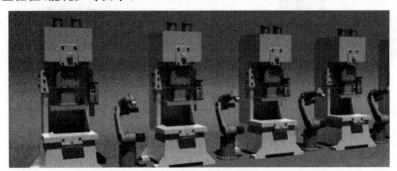

图 1.54　机器人冲压成形自动化生产线

4. 适应产品更新换代快和批量小的特点

为了满足航空航天、国防等工业中产品更新换代快、生产批量小、形状复杂、强度高的特点,需要发展一些新的冲压成形工艺,如高能成形、超塑成形/扩散连接、电水成形、电磁成形、激光冲击成形、无模多点成形、简易模具成形(如软膜和低熔点合金模等)等。图 1.55 所示为用于成形飞机蒙皮的多点柔性拉形模,其原理是将传统的拉形模离散成一系列规则排列、离散、高度可调的基本体,各基

本体的行程可独立地调节,改变各基本体的位置就改变了成形曲面,也就相当于重新构造了拉形模具,从而能够实现不同曲面蒙皮件的快速制造。

图 1.55 多点柔性拉形模

5. 微冲压技术

随着制造领域中微型化趋势的不断发展,微型零件的需求量也越来越大,特别是在微型机械和微型机电系统中,例如微型机器人、微电子元器件、微型执行构件的微型齿轮、微型传感器、卫星陀螺、纺织印染领域的阵列微喷孔零件、集成电路等,其零件尺寸或特征尺寸在微米级或亚微米级别,传统的冲压成形工艺方法已不能满足这些零件的制造需求,这就需要发展新的微细加工技术。

微冲压技术是一种采用塑性变形,成形零件尺寸至少在两个方向达到亚毫米量级的制造方法,具有加工效率高、工艺简单、成形零件性能优异和精度高等特点,特别适合微型零件的低成本批量制造。目前,微冲压技术已广泛应用于航空航天、微机电、光电产业、生物工程等领域,如利用微冲压技术制造微流道、微陀螺转子/定子、微透镜、阵列生物芯片、微管、微阀、微泵、光纤接头、光调制器、光纤耦合器等。图 1.56 所示为微冲压成形工艺制造的微冲压制品。

(a) 微型引信封装板   (b) 微型齿轮   (c) 微陀螺转子、定子

图 1.56 微冲压制品

此外,对具有高速高精度、适合低成本批量生产的微成形设备、微冲孔成形工艺、微拉深成形工艺开展深入的研究,对超细晶材料微冲压技术、非晶合金微

冲压技术的基础理论及质量控制进行探索，开展微塑性成形复合工艺的研究等是微冲压技术今后发展的重要方向之一，对促进冲压成形工艺在微型零件制造领域的应用具有重要的意义。

习　　题

1.1　简述冲压成形工艺的定义。

1.2　冲压成形工艺有哪些特点？

1.3　冲压成形工艺的三要素是什么？

1.4　冲压工序可分为哪两大类？每类有哪些具体的工序形式？

1.5　简述冲压成形工艺的发展方向。

第 2 章　冲压模具

模具是冲压成形的主要工艺装备。冲压件的表面质量、尺寸精度、生产效率以及经济效益等与模具结构及其合理设计有很大关系。因此,了解模具结构、研究和提高模具的各项技术指标,对于模具设计和发展冲压成形技术是非常必要的。

2.1　冲压模具分类

1. 按工艺性质分类

根据工艺性质来分类,冲压模具包括以下五个类型,即冲裁模、弯曲模、拉深模、成形模和铆合模。

(1)冲裁模。冲裁模是指能够沿着封闭或敞开的轮廓线分离材料的模具,如落料模、冲孔模、切断模、切口模、剖切模和切边模等。

(2)弯曲模。弯曲模能使毛坯产生弯曲变形,从而生产出具有一定角度和形状的工件。

(3)拉深模。拉深模是指能够将板材毛坯制成开口空心工件,或进一步改变空心工件形状和尺寸的模具。

(4)成形模。成形模是指能够将凸凹模的形状直接复制到毛坯或半成品工件上面,而材料本身仅出现局部塑性变形的模具。

(5)铆合模。铆合模能够利用外力使模具零件连接在一起并形成整体。

2. 按工序组合程度分类

根据不同工序组合程度进行分类,冲压模具分为单工序模、复合模、级进模和传递模。

(1)单工序模。单工序模是指在压力机的工作过程中,只能完成一道冲压成形工序的模具。

(2)复合模。在压力机的一次行程中,复合模可以在同一工位上同时完成两道或两道以上的冲压成形工序。

(3)级进模。级进模又称连续模,这种模具具有两个或两个以上工位,能够在不同工位完成两道或两道以上的冲压成形工序。

(4)传递模。传递模能够利用机器人进行传递,大大提高了生产效率,同时还能降低生产制造成本,节省材料成本。传递模综合了单工序模和级进模的优势,具有质量安全和稳定可靠的特点。

3. 按模具导向形式分类

根据模具导向形式进行分类,冲压模具可分为开式模、导柱模、导板模等。

(1)开式模。开式模的特点是上、下模无导向,结构简单,容易制造,可以用边角料冲裁,有利于降低冲压件成本。

(2)导柱模。导柱模的上、下模采用导柱和导套导向,冲压件精度高。

(3)导板模。导板模的导板可起凸、凹模的导向作用,凸模回程时导板又起卸料作用。

此外,还可按照模具尺寸大小分为大型冲模、中型冲模和小型冲模等,还可以根据模具的材料进行细分等。

2.2 典型冲压模具结构

2.2.1 单工序冲压模具

单工序冲压模具简称单工序模,是指在压力机的一次行程内,只完成一道工序的冲压模具,可以分为落料模、冲孔模、弯曲模、拉深模等。

1. 落料模

根据上、下模导向形式,有三种常见的落料模结构。

(1)无导向落料模。

无导向落料模又称敞开式落料模,如图 2.1 所示。上模由上模座 1 和凸模 2 组成,下模由卸料板 3、导料板 4、凹模 5、下模座 6 和定位板 7 组成。无导向落料模的特点是上、下模无导向,结构简单,容易制造,可以用边角料冲裁,有利于降低冲压件的成本。但是凸、凹模间隙配合由压力机滑块的导向精度确定,不易对准,冲压件精度差,同时模具安装比较困难,容易发生刃口啃切,因此模具寿命和生产效率较低,操作安全性不高。所以,无导向落料模仅适用于生产精度要求不高、外形简单和批量不大的冲压件。

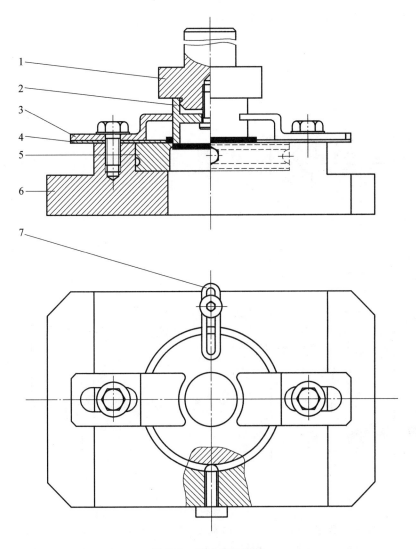

图 2.1　无导向落料模

1—上模座;2—凸模;3—卸料板;4—导料板;5—凹模;6—下模座;7—定位板

(2)导板式落料模。

图 2.2 所示为导板式落料模,上模由模柄 1、上模座 2、凸模 5 等组成,下模由导料板 7、凹模 10、下模座 11 等零件组成。导板式落料模的结构与无导向落料模基本相似,但它的导板 6 与凸模 5 之间配合较好,一般选用 H7/h6 间隙配合,所以导板 6 起到凸、凹模的导向作用,凸模回程时,导板又起卸料作用。

　　导板式落料模与无导向落料模相比,具有精度较高,使用寿命较长,容易安装和安全性好等优点,但模具制造相对复杂,一般仅适用于冲压成形料厚大于0.3 mm的形状简单的小零件。

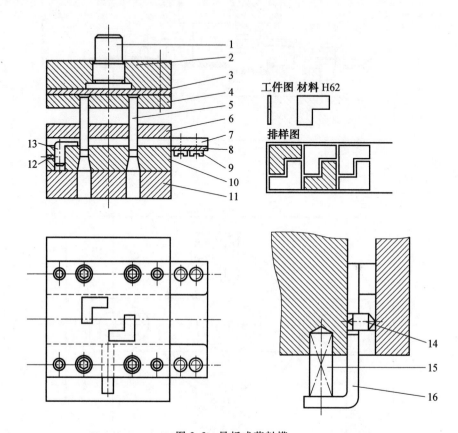

图 2.2　导板式落料模

1—模柄;2—上模座;3—垫板;4—凸模固定板;5—凸模;6—导板;7—导料板;
8—承料板;9—螺钉;10—凹模;11—下模座;12—固定挡料销;13—止动销;
14—限位销;15—弹性件;16—初始挡料销

（3）导柱式落料模。

图 2.3 所示为导柱式落料模。由图可以看出,上、下模均采用导柱和导套导向。导柱和导套都是圆形的,加工比较方便,凸、凹模间隙容易保证,且不会改变,所以导柱式落料模有冲压件精度高、模具寿命长、安装简便等优点,已在冲压生产中得到广泛应用。

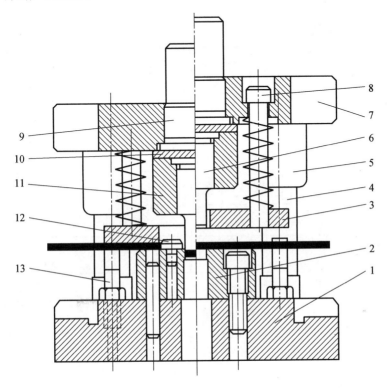

图 2.3　导柱式落料模
1—下模座;2—凹模;3—卸料板;4—导柱;5—导套;6—凸模;7—上模座;
8—卸料螺钉;9—模柄;10—垫板;11—凸模固定版;12—挡料销;
13—导料螺钉

2. 冲孔模

冲孔模的结构与一般落料模有相似之处,但冲孔模在设计时,必须考虑凸模的强度,以防止凸模折断或者破裂;除此之外,还应考虑凸模能快速更换以及凸模的精确导向,以提高冲孔精度等问题。几种典型的冲孔模结构介绍如下。

（1）导板式冲孔模。

图 2.4 所示为导板式冲孔模，该模具的特点是，导板内有一块活动导板与凸模滑配，可以起到导向的作用。冲孔时，活动导板压住工件，防止材料移动，所以它又起着保护凸模，防止其折断的作用。该模具适用于冲压较厚板材上的小孔。

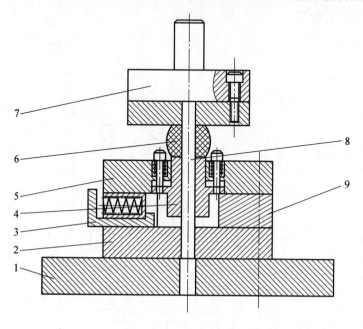

图 2.4　导板式冲孔模

1—下模座；2—凹模；3—滑块；4—活动导板；5—固定板；6—橡胶垫；
7—上模座；8—冲头；9—侧导板

（2）大尺寸工件冲小长方形孔模。

图 2.5 所示为带固定卸料板冲孔模，本模具采用弹性卸料板 6 卸料，并在冲孔时起到压件的作用。定位块 13 和定位板 9 在冲孔时起定位作用，由于该模具的定位精度高，故冲孔质量较好。

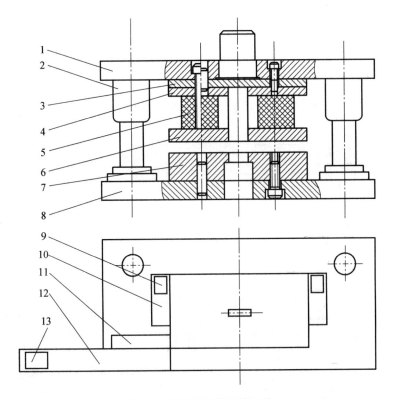

图 2.5　带固定卸料板冲孔模
1—上模板;2—导套;3—垫板;4—凸模固定板;5—橡胶块;6—卸料板;
7—凹模;8—下模板;9—定位板;10—定位垫块;11—垫铁;
12—支撑板;13—定位块

(3)斜楔换向水平冲孔模。

图 2.6 所示为斜楔换向水平冲孔模,斜楔换向水平冲孔模依靠斜楔把压力机滑块的垂直运动转换为水平运动,从而带动凸模在水平方向上进行冲孔,凸模与凹模的准确定位依靠滑块在导滑槽内的导向来保证。

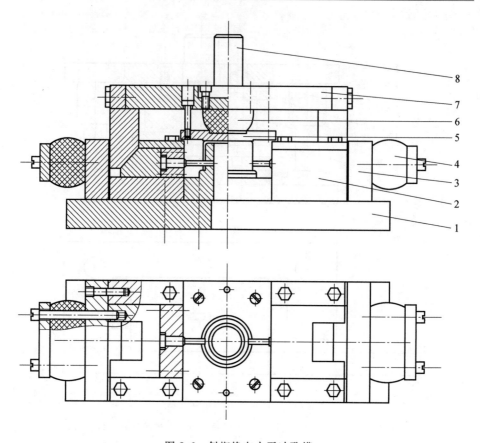

图 2.6　斜楔换向水平冲孔模

1—下模板；2—座块；3—挡板；4—橡胶垫；5—压料板；6—橡胶块；7—上模板；8—模柄

(4)快换式系列尺寸冲孔模。

图 2.7 所示为快换式系列尺寸冲孔模,该模具的最大特点是凸模和凹模被螺钉分别固定在模柄和凹模固定板上,可以快速更换,适用于多种尺寸的凸模和凹模,可以在一副模具上冲出不同直径的孔。该模具采用定位销定位,冲出的工件表面平整,适合于厚度较薄的中小工件的冲裁。

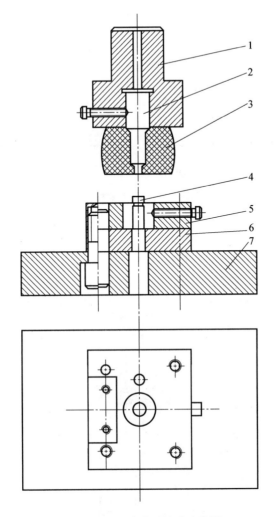

图 2.7　快换式系列尺寸冲孔模

1—模柄;2—冲头;3—橡胶垫;4—定位销;5—凹模固定板;6—下模垫板;7—下模座

3. 弯曲模

弯曲模的结构形式有很多,可根据弯曲件形状、精度要求、板材性能、生产批量和经济性等因素进行设计或选用。按弯曲件形状可分为 V 形件、U 形件、帽形件、圆形件弯曲模等;按弯曲角数量可分为单角弯曲、双角弯曲、四角弯曲模等。

(1)V 形件弯曲模。

V 形件弯曲模是一种单角弯曲模,这种模具将弯曲件沿着角平分线方向弯曲。图 2.8(a)所示为简单的 V 形件弯曲模,其特点是结构简单、通用性好,但弯曲时坯料容易发生偏移,影响工件进度。图 2.8(b)～(d)所示分别为带有定位尖、顶杆、V 形顶板的模具结构,可以防止坯料滑动,提高工件精度。

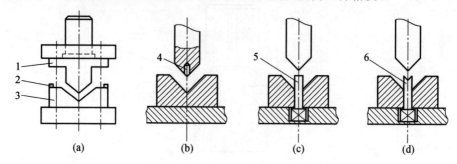

图 2.8　V 形件弯曲模简图
1—凸模;2—定位板;3—凹模;4—定位尖;5—顶杆;6—V 形顶板

图 2.9 所示为 V 形件弯曲模的基本结构。该模具的优点是结构简单,在压力机上安装及调整方便,对材料厚度的公差要求不严,工件在冲程终了时得到不同程度的校正,因而回弹较小,工件的平面度较好。顶杆 7 既起到顶料作用,又起到压料作用,可防止材料偏移。

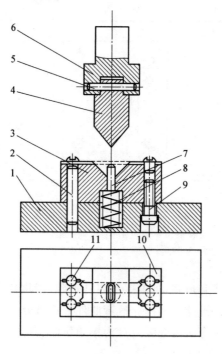

图 2.9　V 形件弯曲模的基本结构
1—下模座;2、5—销钉;3—凹模;4—凸模;6—上模座;
7—顶杆;8—弹簧;9、11—螺钉;10—定位板

一般来说，V 形件弯曲模适用于两直边相差不大的 V 形弯曲件，它有如下优点：①结构简单，在压力机上安装调整方便；②对材料厚度公差要求不严（因凸、凹模之间的间隙是靠调节压力机的装模高度来控制的）；③可实现校正弯曲，弯曲件的回弹小，平面度好。

（2）U 形件弯曲模。

图 2.16 所示为 U 形件弯曲模常用的结构形式，有如下几种。

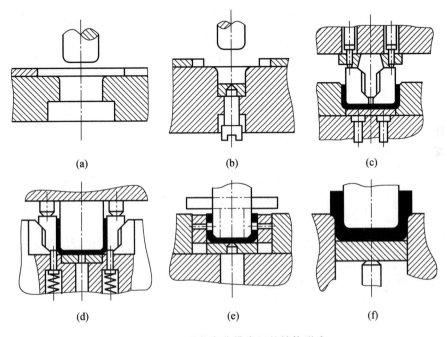

图 2.10　U 形件弯曲模常用的结构形式

图 2.10(a)所示为开底凹模，用于底部不要求平整的工件。

图 2.10(b)用于底部要求平整的弯曲件。

图 2.10(c)用于料厚公差较大而外侧尺寸要求较高的弯曲件，其凸模为活动结构，可随料厚自动调整凸模横向尺寸。

图 2.10(d)用于料厚公差较大而内侧尺寸要求较高的弯曲件，凹模两侧为活动结构，可随料厚自动调整凹模横向尺寸。

图 2.10(e)为 U 形件精弯模，两侧的凹模活动镶块用转轴分别与顶板铰接。弯曲前顶杆将顶板顶出凹模面，同时顶板与凹模活动镶块呈一平面，镶块上有定位销供工序间定位用。弯曲时工件与凹模活动镶块一起运动，这样就保证了两侧孔的同轴度。

图 2.10(f)所示为弯曲件两侧壁厚变薄的弯曲模。

(3)帽形件弯曲模。

帽形件弯曲模常见的结构形式有三种。图 2.11 所示为采用两套简单弯曲模冲压帽形件的模具。第一套弯曲模将毛坯预弯，然后第二套弯曲模再弯成帽形。由第二套弯曲模可以看出，预弯后帽形件是倒放在凹模上定位的，因此，帽形件的直边高度取决于凹模壁厚。为了使凹模具有足够的强度，这种弯曲模结构仅适用于直边高度大于 $12t \sim 15t$(t 为材料厚度)的帽形件弯曲。

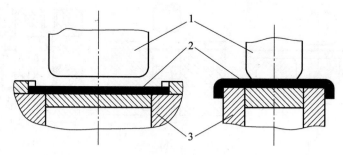

图 2.11　两套弯曲模冲压帽形件
1—凸模;2—工件;3—凹模

图 2.12 所示为一次弯曲成形帽形件的模具,该模具结构比较简单,便于制造。但在弯曲时,凸、凹模圆角处的毛坯阻力很大,材料易被拉长,冲压件侧壁变薄,影响帽形件成形质量,同时帽形件的展开尺寸必须多次调试后才能确定。

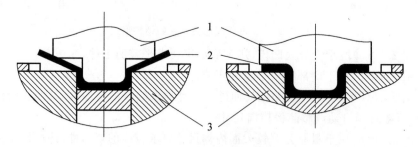

图 2.12　帽形件一次弯曲模
1—凸模;2—工件;3—凹模

图 2.13 所示为帽形件摆动式弯曲模,凹模是摆动式的。弯曲时,毛坯由定位板定位,凸模下行,凹模绕轴销摆动。弯曲后,顶杆在弹簧的作用下,使凹模复位,同时顶出工件,该模具可以避免图 2.12 所示弯曲模的缺点。

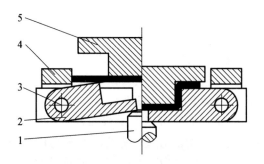

图 2.13　帽形件摆动式弯曲模
1—顶杆;2—摆动式凹模;3—凹模绕轴销;4—定位板;5—凸模

(4)圆形件弯曲模。

图 2.14 所示为小圆一次弯曲模。对于直径 $d \leqslant 5$ mm 的小圆形件,一般是

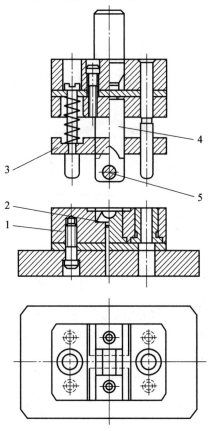

图 2.14　小圆一次弯曲模
1—凹模固定板;2—下凹模;3—压料板;4—上凹模;5—芯轴凸模

先将坯料弯曲成 U 形,然后再将 U 形弯成圆形。弯曲前,坯料为以凹模固定板 1 的定位槽定位。弯曲时,上模下行,芯轴凸模 5 与下凹模 2 首先将毛坯压成 U 形。上模继续下行,芯轴凸模 5 与压料板 3 不动,上模的行程用于压缩弹簧,同时由上凹模 4 将工件最后弯曲成形。上模回程后,工件留在芯轴凸模上,拔出芯轴凸模,工件自动落下,芯轴上的弹簧使芯轴自动复位。

　　直径 $d \geqslant 20$ mm 的大圆形件可以一次弯曲成形,也可以多次弯曲成形。图 2.15 所示为两道工序弯成大圆的方法。先将坯料预弯成三个 120°圆弧组成的波浪形,波浪形状的尺寸必须经过试模修正,然后再弯成圆筒形,工件沿着凸模轴线方向取下。

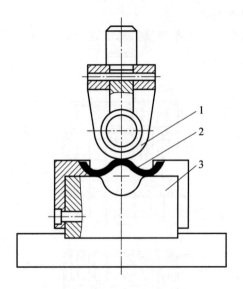

图 2.15　大圆二次弯曲模
1—凸模;2—工件;3—凹模

　　图 2.16 所示为带摆动凹模的一次弯曲模。坯料先由两侧定位板以及摆动凹模 3 的上端定位,弯曲时凸模 2 先将坯料压成 U 形,然后凸模 2 继续下行,下压摆动凹模 3 的底部,使摆动凹模 3 绕销轴向内转动,将工件弯成圆形。弯曲结束后向右推开支撑板 1,将工件从凸模上取下。这种方法生产效率较高,但由于筒形件上部未受到校正,因而回弹较大,在工件接缝处留有缝隙和少量直边。

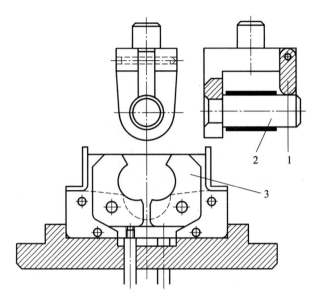

图 2.16　带摆动凹模的一次弯曲模
1—支撑板;2—凸模;3—摆动凹模

4. 拉深模

拉深是利用拉深模将平板毛坯压制成各种开口的空心工件,或将已制成的开口空心工件加工成其他形状空心工件的一种冲压成形方法。用拉深工艺可以制得筒形、阶梯形、球形、锥形、抛物线形等旋转体零件,也可以制成方盒形等非旋转体零件。拉深工艺可以在普通的单动压力机上进行,也可以在专用的双动、三动拉深压力机或液压压力机上进行。单动压力机仅有一个滑块,压边要靠外加的弹性压边装置实现,因此模具结构较复杂;而双动压力机用拉深模的压边可由装有外滑块的刚性压边圈实现,因而模具结构较简单,压边力调整方便。应用较广的拉深模包括首次拉深模、再次拉深模、反向拉深模等。

(1)首次拉深模。

图 2.17 所示为单动压力机用首次拉深模,零件仅靠凸模 5 和凹模 2 成形,为防止毛坯起皱,弹性压边圈 4 在拉深过程中始终将毛坯压紧于凹模上表面。

(2)再次拉深模。

为防止在拉深过程中毛坯起皱可采用压边装置。图 2.18 所示为有压边的再次拉深模,拉深过程中压边装置始终将毛坯压紧于凸、凹模之间。压边圈与橡胶装在下模,可以提供足够大的压边力。为了防止拉深后期压边力过大可能造成的工件变薄或拉裂,采用限位螺栓 14 调节压边圈与凹模间的距离,该距离开始可调为料厚 t 进行试冲。螺母 15 用来紧固限位螺栓 14,拉深前毛坯套在压边

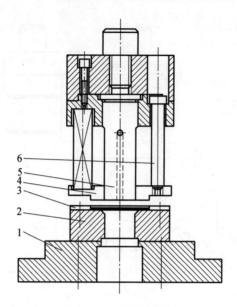

图 2.17 首次拉深模

1—下模座;2—凹模;3—定位板;4—弹性压边圈;5—凸模;6—压边圈螺钉

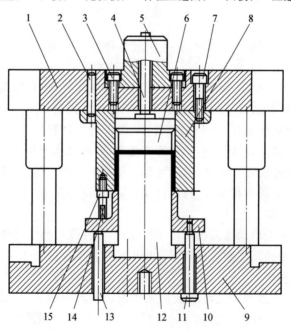

图 2.18 有压边的再次拉深模

1—上模板;2—销钉;3、7—螺钉;4—打杆;5—模柄;6—推件块;8—凹模;9—下模板;
10—压边圈;11—卸料螺钉;12—凸模;13—顶杆;14—限位螺栓;15—螺母

圈 10 上,所以压边圈的形状必须与上一次拉出的半成品相适应。拉深后,压边圈将冲压件从凸模 12 上托出,推件块 6 将冲压件从凹模中推出。

(3)反向拉深模。

反向拉深模是指零件在拉深时,凸模在坯料的底部反向压下,并使坯料表面翻转,使其内表面变成外表面的一种模具结构,如图 2.19 所示。

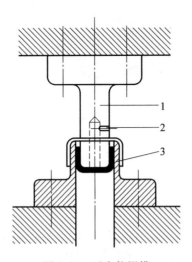

图 2.19　反向拉深模
1—凸模;2—凸模气孔;3—凹模

2.2.2　复合冲压模具

复合冲压模具简称复合模,指的是在压力机的一次行程中,在一套模具的同一位置上完成数道冲压成形工序的一种模具结构。复合模与单工序模相比,主要优点是生产效率和冲压件精度高,但复合模的结构较复杂,制造周期长,一般适用于生产批量较大的冲压件。其中,常见的复合模包括落料和冲孔复合模、落料和首次拉深复合模等。

图 2.20 所示为某电机上转子片的冲孔、落料复合模,它采用冲床打料杆及顶出器卸料。弹压板、定位柱负责将条料托起、定位。冲裁时,落料凹模 4、冲孔凸模 5 与凸凹模 2 对坯料进行冲孔落料;回程时,打料杆 12 在冲床滑块的作用下对顶件器施加作用力,将零件推出凹模型腔。

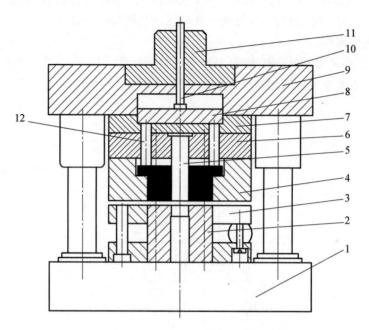

图 2.20　转子片的冲孔、落料复合模
1—下模板；2—凸凹模；3—压料板；4—落料凹模；5—凸模；6—上固定板；
7—上垫板；8—打料板；9—上模板；10—打杆；11—模柄；12—打料杆

　　正装式复合模又称顺装式复合模，其结构特点是落料方向向下，即凸、凹模在上模部分，如图 2.21 所示，适用于材质较软或板材较薄的平直度要求较高的冲压件，可以冲制孔边距较小的冲裁件。冲压时，顶件块 2 和凸凹模 3 始终压住毛坯，得到的冲压件平整度很好，同时每次冲压后的孔料由打杆 7 推出，可以防止凸凹模孔洞积存废料引起的胀裂破坏。但是，正装式复合模每次冲压后的冲压件和废料都落在凹模上，可能会影响冲压操作和安全。

　　倒装式复合模是凸、凹模装在下模座的模具结构，和正装式复合模相对。图 2.22 所示为倒装式复合模，冲孔的废料可以从压力机的工作台孔中漏下，操作方便。当滑块到达上死点时，工件靠刚性推件装置推出，适用于有自动接件装置的压力机。凸模采用压入式，制造方便，修复容易。

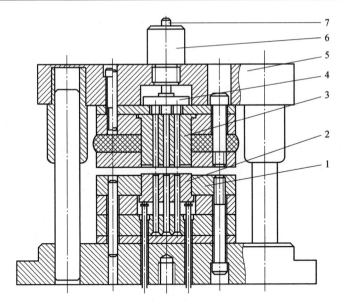

图 2.21　正装式复合模

1—落料凹模；2—顶件块；3—凸凹模；4—推板；5—上模座；6—模柄；7—打杆

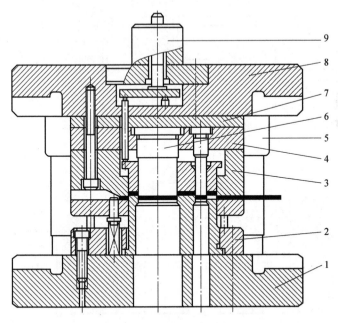

图 2.22　倒装式复合模

1—下模座；2—固定板；3—落料凹模；4—凸模固定板；
5—导套；6—冲孔凸模；7—垫板；8—上模；9—模柄

2.2.3　级进冲压模具

级进冲压模具简称级进模(也称连续模),由多个工位组成,各工位按顺序完成不同的加工,在冲床的一次行程中完成一系列不同的冲压成形加工。一次行程完成以后,由冲床送料机按照一个固定的步距将材料向前移动,这样在一副模具上就可以完成多个工序,一般有冲孔、落料、折弯等。与单工序模和复合模相比,级进模的优点是具有很高的生产效率,操作安全,易于自动化,可以采用高速冲床生产。

1. 导正销定距级进模

图 2.23 所示为导正销定距级进模。冲孔凸模 6 与落料凸模 5 之间的距离就是送料步距。送料时由固定导料销 3 进行初定位,由两个装在落料凸模 5 上的导正销进行精确定位。导正销 4 与落料凸模 5 的配合为 H7/r6。为了保证首件

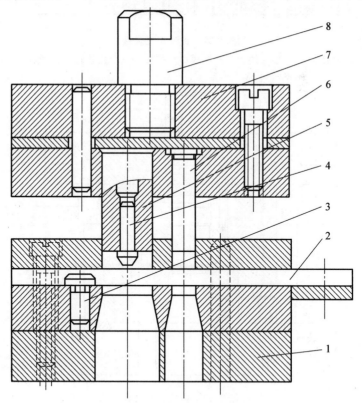

图 2.23　导正销定距级进模

1—下模座;2—导料板;3—固定导料销;4—导正销;
5—落料凸模;6—冲孔凸模;7—上模座;8—模柄

的正确定距,在带导正销的级进模中,采用始用挡料装置,它安装在导板下的导料板 2 中间。在条料上冲制首件时,用手推始用挡料销,使它从导料板中伸出来抵住条料的前端,即可冲制第一件上的两个孔。

2. 弹压导板导向的冲孔落料级进模

弹压导板导向的冲孔落料级进模如图 2.24 所示,凸模 2 以装在弹压导板 7 中的导板镶块 6 为导向,弹压导板以导柱 8、13 为导向,导向准确,保证了凸、凹模的正确配合,并且加强了凸模的纵向稳定性,避免小凸模产生纵向弯曲。

弹压导板用卸料螺钉 14 与上模座 1 连接,加上凸模与固定板是间隙配合,因此能消除压力机导向误差对模具的影响,同时更换也比较方便。

冲裁排样采用直排,一次冲裁获得两个零件,两件的落料工位离开一定的距离,以增强凹模的刚度,也便于加工和装配。该结构适用于冲压零件尺寸小而复杂,需对凸模进行保护的场合。

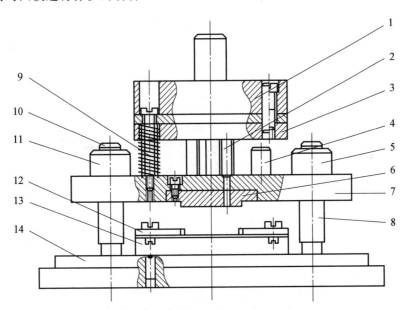

图 2.24　弹压导板导向的冲孔落料级进模

1—上模座;2—凸模;3—凸模固定版;4—限位柱;5、11—导套;6—导板镶件;
7—弹压导板;8、10—导柱;9—卸料螺钉;12—导料板;13—凹模;14—下模座

表 2.1 是单工序模、复合模和级进模的特点比较。

表 2.1　单工序模、复合模和级进模的特点比较

项目	单工序模		复合模	级进模
	无导向	有导向		
冲压精度	低	较低	高,相当于 IT8～IT11	较高,相当于 IT10～IT13
工件平整程度	不平整	一般	压料较好,工件平整	不平整,有时需要校平
工件最大尺寸和材料厚度	不受限制	300 mm 以下,厚度达 6 mm	小于 300 mm,厚度常在 0.05～3 mm 之间	＜250 mm,厚度在 0.1～6 mm 之间
冲模制造的难易程度	容易	导柱、导套采用先进工艺后不难	形状复杂的工件用复合模比级进模的制造难度低	简单形状工件的级进模比复合模的制造难度低
生产效率	低	较低	效率高	可用自动送料出料装置,效率最高
使用高速冲床的可能性	只能单冲,不能连冲	有自动送料装置,可以连冲,但速度不高	由于有弹性缓冲器,不宜用高速和连冲	适用于高速冲床,速度可达 400 次/分以上
材料要求	可用边角料	条料,要求不严格	除用条料外,小件可用边角料,但生产效率低	条料或卷料,要求严格

2.3　冲压模具零部件设计

在 2.2 节中介绍了常见的一些单工序模、复合模和级进模的结构形式和特点,可以看出,根据模具主要零部件的工艺用途和特点,可将其分为五类:工作零件、定位零件、卸料与出料零件、模具导向零件、固定与紧固零件。现将这些零部件的具体结构和设计分别介绍如下。

2.3.1　工作零件

1. 凸模设计

为保证凸模能够正常工作,在结构设计时必须满足下列三条原则。

(1)精确定位。安装时凸模在模具中能准确定位,工作过程中轴线与母线不允许发生任何位移,否则会导致冲裁模间隙不均匀。

(2)防止拔出。卸料时凸模受拉深力作用,结构上应防止凸模从固定板中拔出。

(3)防止转动。为方便固定板型孔加工,非圆形凸模的固定段一般会加工成圆形。凸模在工作过程中不允许发生转动,结构上需采取防转形式,否则将导致啃模。

根据凸模工作段的截面形状,可分为圆形和非圆形两类,其中圆凸模可分为标准圆凸模、小孔圆凸模和大型圆凸模三类。国家标准中圆凸模分为 A 型、B 型和快换式凸模。A 型如图 2.25(a)所示,$d=1.1\sim30.2$ mm;B 型没有中间过渡段,如图 2.25(b)所示,$d=3.0\sim30.2$ mm;快换式凸模如图 2.25(c)所示,最小直径 $d=5\sim9$ mm,最大直径 $d=24\sim29$ mm。

小孔圆凸模指孔径 $d\leqslant t$ 或 $d\leqslant1$ mm 的圆凸模,其刚度和强度不足,生产中常采用对小凸模起保护作用的导向装置或做成短凸模结构来提高其强度刚度。图 2.26(a)(b)为局部保护,图 2.26(c)(d)为全长保护。

非圆形凸模主要用于冲裁非圆形件,部分结构形式如图 2.27 所示。

凸模固定方法主要有台肩固定、铆接固定、螺钉吊装固定、低熔点合金或环氧树脂固定,如图 2.28 所示。

凸模长度的确定:设计标准模具时,当选定典型组合后,凸模长度即确定。设计非标准模具时,凸模长度一般应根据结构上的需要,并考虑磨损量和安全因素来确定,原则是在满足使用要求的前提下,凸模越短越好。固定卸料方式凸模长度如图 2.29 所示。

对于固定卸料方式凸模来说,其长度为

$$L=h_1+h_2+h_3+h \tag{2.1}$$

式中　L——凸模长度;

　　h_1——凸模固定板厚度;

　　h_2——固定卸料板厚度;

　　h_3——导尺厚度;

　　h——附加长度,它包括凸模进入凹模的深度、凸模修磨量、固定板与卸料板之间的安全距离等,一般 $h\geqslant20$ mm。

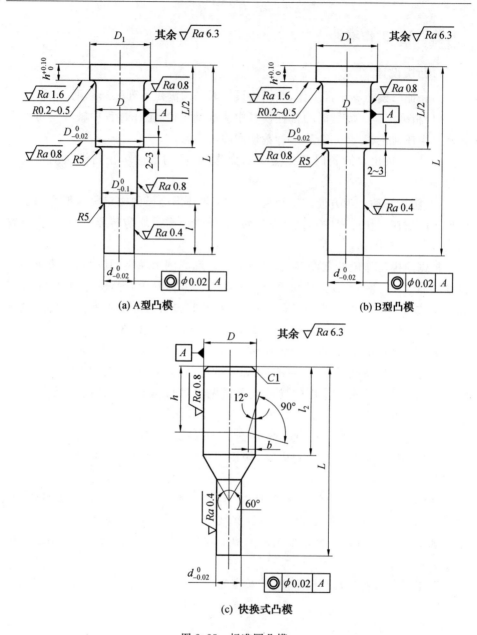

(a) A型凸模

(b) B型凸模

(c) 快换式凸模

图 2.25　标准圆凸模

　　一般的凸模强度是足够的,不需要进行强度校核。只有当凸模特别细长或者凸模截面尺寸相对板厚很小时,才进行强度校核,包括抗压强度和抗纵向弯曲能力两个方面的校核。

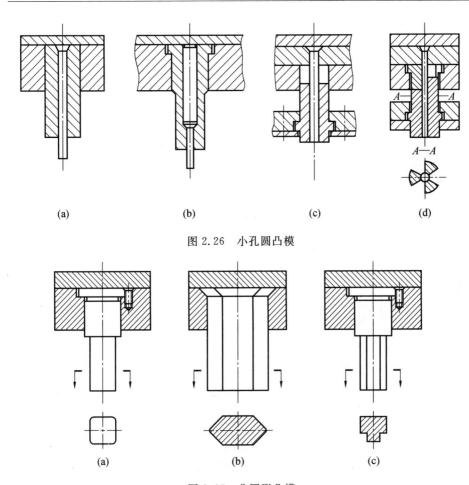

图 2.26　小孔圆凸模

图 2.27　非圆形凸模

凸模抗压强度校核：

$$\sigma = \frac{F}{A} \leqslant [\sigma] \tag{2.2}$$

式中　$[\sigma]$——凸模材料的许用压应力；

σ——凸模最小截面上的压应力；

F——凸模所受冲裁力；

A——凸模最小截面积。

凸模抗纵向弯曲能力校核：

有导向时

$$L_{\max} \leqslant \frac{1\,200 \left(\dfrac{I_{\min}}{F} \right)}{2} \tag{2.3}$$

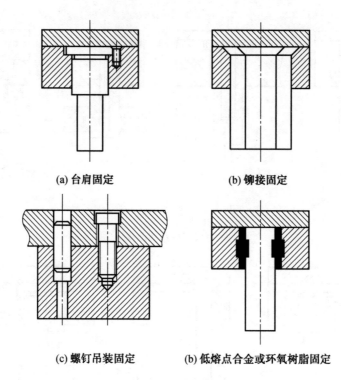

(a) 台肩固定   (b) 铆接固定

(c) 螺钉吊装固定   (b) 低熔点合金或环氧树脂固定

图 2.28 凸模固定方法

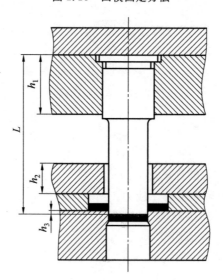

图 2.29 固定卸料方式凸模长度

无导向时

$$L_{\max} \leqslant \dfrac{425\left(\dfrac{I_{\min}}{F}\right)}{2} \tag{2.4}$$

式中　$L_{\max}$——凸模允许的最大长度；

　　　$I_{\min}$——凸模最小截面惯性矩；

　　　F——凸模所受冲裁力。

凸模材料及其技术要求如下。

(1)中小型凸模或冲薄板的凸模常采用碳素工具钢 T10A、T8A 或低合金工具钢 Cr6WV、CrWMn 等制造，大型凸模或冲厚板的凸模常采用高碳高合金钢 Cr12、Cr12MoV 或高速钢 W6Mo5Cr4V 等制造。

(2)凸模淬火后工作部分硬度要求达到 HRC58～62。

(3)凸模工作部分表面粗糙度 Ra 要求达到 1.6～0.8 μm。

2. 凹模设计

常见的凹模外形有圆形和矩形两种，结构形式包括整体式和镶拼式(图 2.30)。整体式凹模只适用于冲制中、小型工件；镶拼式凹模适用于冲制大、中型工件或形状复杂的零件。

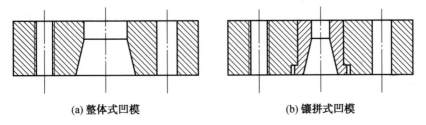

(a) 整体式凹模　　　　　　　　　(b) 镶拼式凹模

图 2.30　凹模结构形式

整体式凹模常采用螺钉、销钉定位固定。螺孔与螺孔之间、螺孔与销孔之间、螺孔/销孔与凹模型孔之间的距离不能太近，否则会影响模具的寿命。

镶拼式凹模常采用螺钉、销钉固定，锥套和框套固定，低熔点合金或环氧树脂浇注固定等。凹模固定方式如图 2.31 所示。

凹模外形尺寸应保证凹模有足够的强度和刚度，其示意图如图 2.32 所示。凹模厚度还要考虑其修磨量。凹模外形尺寸一般根据冲裁料的厚度和冲裁件的最大外形尺寸来确定。凹模外形尺寸 H 和 B 应根据国标选取标准值。

凹模厚度：

$$H = Kb \quad (\geqslant 15\ \text{mm})$$

凹模壁厚：

$$C = (1.5 \sim 2)H \quad (\geqslant 40\ \text{mm})$$

式中　*H*——凹模厚度,mm;

　　　K——凹模厚度系数,见表2.2;

　　　b——冲裁件最大外形尺寸,mm;

　　　C——凹模壁厚,mm。

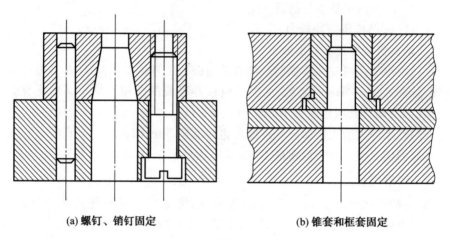

(a) 螺钉、销钉固定　　　　　　　　(b) 锥套和框套固定

图 2.31　凹模固定方式

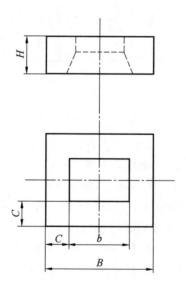

图 2.32　凹模外形尺寸

表 2.2　凹模厚度系数 K

凹模孔的最大宽度 b/mm	材料厚度 t/mm		
	<1	$1\sim3$	$3\sim6$
<50	0.30～0.40	0.35～0.50	0.45～0.60
50～100	0.20～0.30	0.22～0.35	0.30～0.45
100～200	0.15～0.20	0.18～0.22	0.22～0.30

凹模材料与凸模一样,常采用碳素工具钢 T10A、T8A 或合金工具钢 Cr6WV、CrWMn、Cr12、Cr12MoV、W6Mo5Cr4V 等制造,其热处理硬度应略高于凸模,达到 HRC60～64。

凹模型孔轴线与顶面应保持垂直,凹模的顶面与底面应保持平行,凹模型孔的表面粗糙度 $Ra=0.8\sim0.4~\mu m$,底面与销孔的表面粗糙度 $Ra=1.6\sim0.8~\mu m$。

2.3.2　定位零件

模具上定位零件的作用是使毛坯在模具上能够正确定位。根据毛坯形状、尺寸以及模具的结构形式,可以选用不同的定位方式。常见的定位零件包括定位板和定位销、挡料销、导正销、侧刃等。

1. 定位板和定位销

单个毛坯在模具上进行冲孔或弯曲加工时需要定位,常采用定位板或定位销。定位板有两种形式,一种是以毛坯外形定位的,外形定位板如图 2.33 所示;另一种是以毛坯内孔定位的,内孔定位板如图 2.34 所示。

定位销如图 2.35 所示,图 2.35(a)用于孔径 3～10 mm 的圆孔,由于头部有较大的导入端,定位很方便;图 2.35(b)适用于孔径为 15～30 mm 的圆孔;图 2.35(c)为定位销对毛坯外形定位。

每块定位板应有两个销钉,以防止定位板移动。定位板或定位销与毛坯间的间隙一般取 H7/h8。制造模具时常按毛坯件定位修配得到。定位板厚度或定位销头部高度 h 与工件料厚 t 有关,具体数值参考表 2.3。

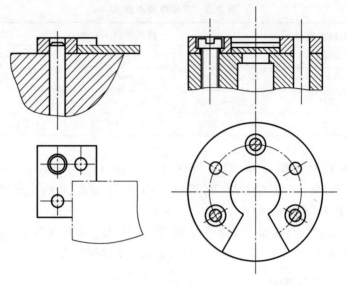

图 2.33　外形定位板

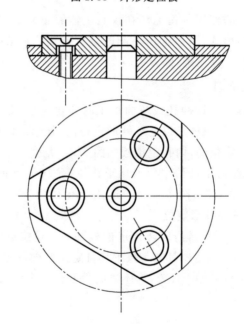

图 2.34　内孔定位板

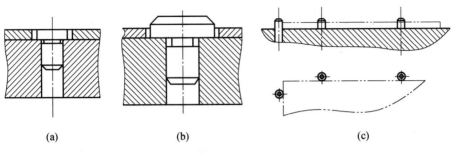

(a)　　　　　　　　　(b)　　　　　　　　　(c)

图 2.35　定位销

表 2.3　定位板(销)h 值

工件厚度 t/mm	<1	1~3	3~5
定位板(销)h/mm	$t+2$	$t+1$	t

2. 挡料销

　　挡料销主要用于条料或带料送进时的定位,可分为固定式和活动式两种。图 2.36 所示为固定挡料销,图 2.36(a)所示为台肩式挡料销,一般安装在凹模上,其优点是制造方便,工作部分与固定部分直径相差很大,挡料销压入凹模后不会削弱凹模强度;图 2.36(b)所示为钩式挡料销,它离凹模刃口的距离比图 2.36(a)的台肩式挡料销更远些。钩式挡料销形状不对称,加工比较麻烦,常用于厚料和大尺寸零件的冲压。定位钉头部高度或定位板厚度 h 的数值见表 2.4。

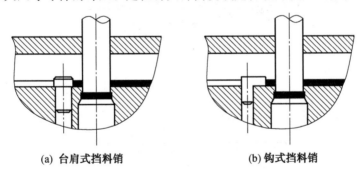

(a) 台肩式挡料销　　　　　　　　　(b) 钩式挡料销

图 2.36　固定挡料销

表 2.4　定位钉头部高度或定位板厚度 h 的数值

工件厚度 t/mm	≤1	1~3	3~6
h/mm	2	$t+1$	t

　　图 2.37 所示为活动挡料销,常置于固定卸料板上。冲压时条料向前送进,

板材通过挡料销斜面,将挡料销抬起,然后条料后退,利用挡料销端面定位。该挡料销的优点是条料送进时不需要上下移动,但是在定位时需要将条料前后移动,影响生产效率。图 2.38 所示为另一种形式的活动挡料销,冲裁时挡料销随上模下行被压入小孔中,常用于倒装式复合模的毛坯挡料或定位。图 2.39 所示为连续模的始用挡料销,用于条料送进时的首次定位。

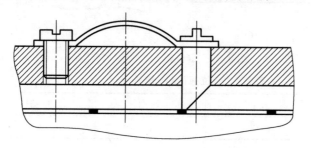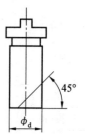

图 2.37　活动挡料销 1

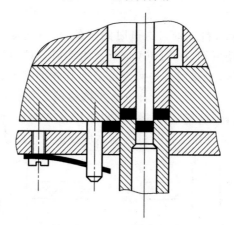

图 2.38　活动挡料销 2

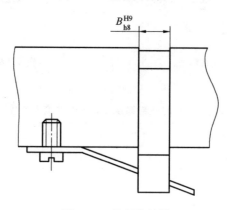

图 2.39　始用挡料销

3. 导正销

导正销多用于连续模中,与挡料销或侧刃配合使用,起到精确定位的作用。零件形状允许时,导正销装在紧靠冲孔工步后的落料凸模上。当零件的形状不适合用导正销时,可在条料的废料部分冲出工艺孔,由专门的导正销导正。

导正销与凸模的配合,常见的有三种形式,导正销结构形式如图 2.40 所示。图 2.40(a)用于导正孔径为 1.5～6 mm 的工件,图 2.40(b)用于导正孔径为 10～30 mm 的工件,图 2.40(c)用于导正孔径为 20～50 mm 的工件。

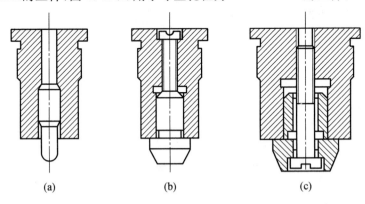

(a)　　　　　(b)　　　　　(c)

图 2.40　导正销结构形式

上述三种导正销结构简单,工作可靠,磨损后可快速更换。导头直径 D 可由下式确定:

$$D = d - 2a \tag{2.5}$$

式中　d——凸模直径;

$2a$——导正销和孔的两边间隙,见表 2.5。

表 2.5　导正销和孔的两边间隙 $2a$　　　　　　　　mm

材料厚度 t/mm	冲孔凸模直径 d/mm						
	1.5～6	6～10	10～16	16～24	24～32	32～42	42～60
≤1.5	0.04	0.06	0.06	0.08	0.09	0.10	0.12
1.5～3.0	0.05	0.07	0.08	0.10	0.12	0.14	0.16
3.0～5.0	0.06	0.08	0.10	0.12	0.16	0.18	0.20

4. 侧刃

侧刃是连续模的挡料和定位零件,主要用于要求条料或带料精确送进、薄料冲裁以及每次送进步距较小,而又无法采用其他定位方法的冲压工作。

带侧刃的模具能保证条料每次的送进步距准确且生产率高,但采用侧刃定位会增加废料和冲压力,同时给模具制造和维修带来困难。

　　侧刃工作部分的结构形式有很多,常见的三种形式如图 2.41 所示。图 2.41 (a)所示为最常用的双侧刃结构形式,定位可靠,条料的最后几个冲压件也能挡料和定位,但在侧刃磨损时,在步距衔接处会产生毛刺,又会影响条料送进;图 2.41(b)所示的侧刃形状可以克服上述缺点,但是侧刃端部尺寸很小,容易磨损或破坏,也会影响定距精度;图 2.41(c)所示为单侧刃形式,结构简单,在步距衔接处也会产生毛刺,适用于一般冲压件。

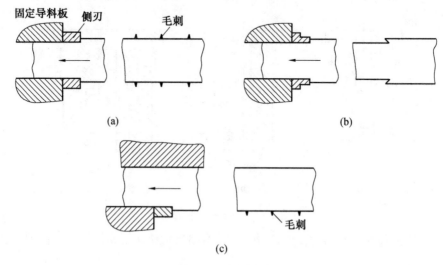

图 2.41　侧刃形式

2.3.3　卸料与出料零件

　　卸料零件的作用是卸除工件或废料。常见的卸料零件有固定卸料板、弹性卸料板等形式。

1. 固定卸料板

　　固定卸料板一般装于下模的凹模面上,是刚性结构,卸料力大且结构简单,适用于冲裁料厚大于 1.5 mm 的模具。其外形尺寸一般与凹模相同,厚度不可太薄,一般取 $H_{卸}=(0.8\sim1)H_{凹}$($H_{凹}$ 为凹模厚度),以免因卸料力大而使卸料板变形。固定卸料板装置如图 2.42 所示,其中图 2.42(a)所示为与导料板分开的组合结构,在一般冲孔模中应用最广;图 2.42(b)所示为与导料板做成一体的整体结构,便于装配,常用于小型模具;图 2.42(c)所示为悬臂式固定卸料板,适用于窄长工件的两头冲孔或切口等。

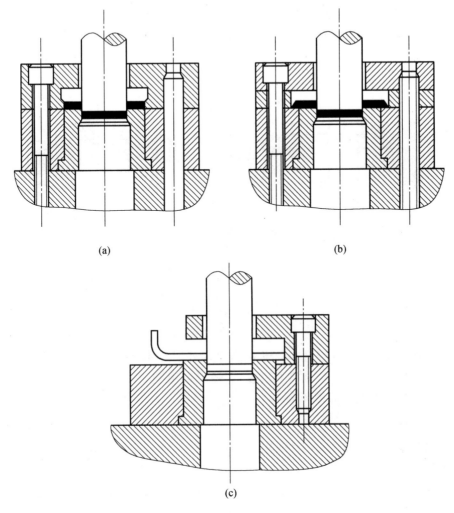

图 2.42　固定卸料板装置

固定卸料板只起卸料作用时,它与凸模的单面间隙取$(0.1\sim0.5)t$(t 为料厚)。如果需要对凸模起导向作用,则卸料板应按凸模配作,保证 H7/h6 的配合间隙。

2. 弹性卸料板

弹性卸料板主要用于冲制薄料和要求工件平整的冲压模具,冲压开始时先起压料作用,冲压结束后起卸料作用,是冲裁模中常用的卸料方式,弹性卸料板装置如图 2.43 所示。其中,台阶 h 与导料板厚 $h_导$、料厚 t 应符合以下关系:

$$h=h_导-t+kt \tag{2.6}$$

系数 $k=0.1\sim0.3$(薄料取 0.3,大于 1 mm 的料取 0.1)。弹性卸料板是柔性结构,兼有压料和卸料两个作用,其卸料力的大小决定于所选弹性元件,一般卸料力小于固定卸料板的卸料力。弹性卸料板与凸模之间的单边间隙取(0.1~0.2)t(t 为料厚)。当兼作凸模导向时,则卸料板孔应按凸模配作,保证 H7/h6 的配合间隙。

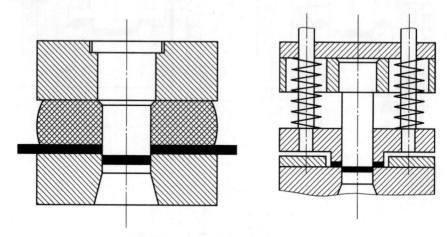

图 2.43　弹性卸料板装置

弹性卸料板被用于复合冲裁模中,其平面外形尺寸与凹模相同,可选用标准件。厚度方向应有足够的强度和刚度,一般可选用 Q235、Q275 钢,必要时可选用 45 钢,热处理硬度 HRC43~48。

3. 出料零件

出料零件分为弹性和刚性两种。当凹模装于下模时,利用图 2.44 中的弹性顶件装置或装入凹模刃口腔内的弹性垫将工件或废料从凹模里向上顶出,这个过程称为弹性顶件。弹性顶件兼有压平工件的作用。对于不锈钢之类的材料,弹性顶件可较好地防止划伤。

当凹模装于上模时,可借助压力机滑块中的打料杆、模具中的打杆和推块等将工件或废料从凹模中推出,此过程称为刚性推件。刚性推件时推件力大且可靠。为使推力均匀,推杆应均布且长短一致。

推块与凸、凹模的配合关系如下:当用于拉深模时,推块与凹模间单边间隙取 0.2~0.5 mm;当用于复合模时,工件内形尺寸较小,外形相对简单时,推块外形与凹模间的配合为 H8/f8,推块内孔与凸模单边间隙取 0.1~0.2 mm;用于复合模工件内形尺寸较大、外形相对复杂时,推块内形与凸模间的配合为 H8/f8,推块外形与凹模单边间隙取 0.1~0.2 mm。当冲孔凸模很细时,为保护小凸模,要求推块与凹模的配合间隙小于推块与凸模的配合间隙。在自由状态下,推块应暴露出凹楔面 0.2~0.5 mm。推板的相关尺寸可参照图 2.45 和表 2.6 的相关数据进行设计。

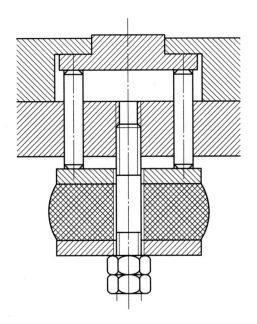

图 2.44　弹性顶件装置

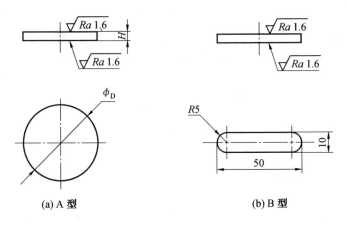

(a) A 型　　　　　　　　　　(b) B 型

图 2.45　推板形式

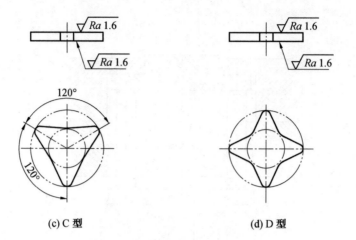

(c) C 型   (d) D 型

续图 2.45

表 2.6 推板尺寸

D	d	R	r	H	B
20	—	—	—	4	8
25	15	4	3		
32	16			5	
35	18				
40	20	5	4	6	10
50	25				
63		6	5	7	12
71	30				
80				9	
90	32	8	6		16
100	35			12	
125	42	9	7		18
160	55	11	8	16	22
200	70	12	9	18	24

2.3.4 模具导向零件

模具导向零件通常分为滑动导柱导套、滚动导柱导套以及导板三种,其作用是保证凸模相对于凹模的正确运动。

1. 滑动导柱导套

滑动导柱导套是应用最广的一种导向装置,分为一级精度和二级精度两种。一般导柱导套的配合间隙应小于冲裁凸、凹模间的间隙(双向)。当凸、凹模间隙小于 0.03 mm、模具结构复杂或要求寿命长的模具(如硬质合金模具)以及复杂的级进模,应选用一级精度,其导柱导套之间为间隙配合 H7/h6。导柱与下模板一般采用过盈配合 H7/r6,当采用国家标准中的 A 型导柱时,与下模板的过盈配合为 R7/h6。导套与上模板一般采用过盈配合 H7/r6。

2. 滚动导柱导套

滚动导柱导套是一种无间隙导向,导向精度高,寿命长,一般用于高速压力机上的模具、精密冲裁模、硬质合金模及其他精密模具中,设计时可查阅其他相关资料。

3. 导板

导板导向一般是用导板或固定卸料板导向,凸模与导板或固定卸料板间的配合为 H7/h6。导板导向时结构简单,但导向精度一般不如导柱导套导向高,故主要用于精度要求不高、批量较小的小型工件冲裁模。导板导向调整较方便,但导向零件磨损较快,影响凸模寿命和导向精度。

2.4 冲压模具设计的步骤与内容

2.4.1 冲压件工艺性分析

冲压件工艺性分析就是冲压成形加工可能性以及难易程度的分析,良好的冲压成形工艺性应能满足材料利用率高、工序较少、模具加工容易、模具寿命高、操作方便以及产品质量稳定等要求。工艺性分析包括技术和经济两方面的内容:在技术方面,根据产品图纸,主要分析该冲压件的形状特点、尺寸大小、精度要求和材料性能等因素是否符合冲压成形工艺的要求;在经济方面,主要根据冲压件的生产批量分析产品成本,阐明采用冲压成形生产可以取得的经济效益。

2.4.2 冲压成形工艺方案的确定

经过冲压件的工艺性分析后,再根据产品图纸进行必要的工艺计算(如毛坯展开尺寸、拉深次数等)。在分析冲压性质、冲压次数、冲压顺序和工序组合方式的基础上,提出冲压成形工艺方案,然后通过对产品质量、生产效率、设备条件、模具制造和寿命、操作和安全以及经济效益等方面的综合分析和比较,确定出一种最佳的工艺方案。

2.4.3　模具种类以及结构形式的确定

通过对冲压件的工艺性分析,由最佳工艺方案选定模具种类。进行模具设计时,应根据选定的模具种类,确定具体的模具结构形式。表 2.7 为生产批量与模具结构、生产方式的关系。

表 2.7　生产批量与模具结构、生产方式的关系

生产性质	生产批量/件	模具结构	生产方式
小批量或试制	<1 万	组合冲模及各种经济的简易模具	条料或单个毛坯的手工送料
中批量	1 万~30 万	单工序模、复合模或简单连续模	卷料、条料、板材或单个毛坯料的半自动送料
大批量	30 万~150 万	复合模、多工位连续模、多工位传递式冲模	卷料、条料、板材或单个毛坯料的自动、半自动送料、压力机或模具带有自动检测保护装置
大量	>150 万	硬质合金复合模、多工位连续模及多工位传递式冲模等	在专用压力机上的自动化生产,或组成自动生产线、压力机或模具带有自动检测保护装置

模具的结构形式可根据冲压件的形状、尺寸、精度要求以及生产批量等要求来进行设计。设计时,必须合理确定模具的导向方式,压料、卸料或推件方法,进、出料和定位装置以及模具固定和安装等形式,才能进行有效的冲压成形加工。

2.4.4　确定模具的压力中心

冲裁时的合力作用点或多工序模各工序冲击力的合力作用点称为模具的压力中心。设计时,模具的压力中心应与压力机滑块中心一致,如果不一致,冲压时会产生偏载,导致模具以及压力机滑块与导轨的急剧磨损,降低模具和压力机的寿命。所以在落料模、多凸模冲孔模和多工位连续模等模具设计时,必须确定模具的压力中心(图 2.46)。

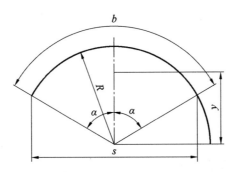

图 2.46　圆弧状冲压件压力中心的确定

1. 简单形状冲裁件

对于形状简单的冲裁件,如对称件,其压力中心均位于冲压件轮廓图形的几何中心。而对于圆弧状冲裁件,其压力中心按下式进行计算:

$$y = \frac{180R\sin\alpha}{\pi\alpha} \tag{2.7}$$

2. 多凸模冲孔模

确定多凸模模具的压力中心是将多个凸模的压力中心确定后,再计算模具的压力中心(图 2.47)。其具体步骤如下。

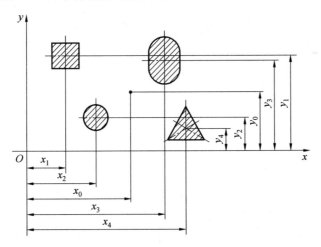

图 2.47　多凸模冲孔模压力中心的确定

(1)按比例画出每一个凸模刃口轮廓的位置。

(2)在任意位置画出坐标轴线 x、y。坐标轴位置选择适当可以使计算简化。

(3)计算凸模刃口轮廓的压力中心及坐标位置:x_1,x_2,$\cdots$,x_n 和 y_1,y_2,$\cdots$,y_n。

(4)计算每一个凸模刃口轮廓的周长 $L_1,L_2,\cdots,L_n$。

(5)根据力学原理,各分力对某轴力矩之和等于某合力对同轴之矩,则可得到压力中心坐标计算公式:

$$x_0 = \frac{L_1x_1+L_2x_2+L_3x_3+\cdots+L_nx_n}{L_1+L_2+L_3+\cdots+L_n} = \frac{\sum\limits_{i=1}^{n}L_ix_i}{\sum\limits_{i=1}^{n}L_i} \tag{2.8}$$

$$y_0 = \frac{L_1y_1+L_2y_2+L_3y_3+\cdots+L_ny_n}{L_1+L_2+L_3+\cdots+L_n} = \frac{\sum\limits_{i=1}^{n}L_iy_i}{\sum\limits_{i=1}^{n}L_i} \tag{2.9}$$

3. 复杂形状冲裁件

复杂形状零件模具的压力中心的计算原理与多凸模冲裁的压力中心的计算原理相同,其示意图如图 2.48 所示。其具体步骤如下。

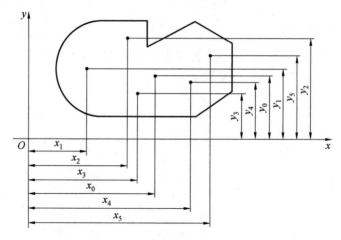

图 2.48　复杂形状冲裁件压力中心的确定

(1)在刃口轮廓内、外任意处建立坐标系,使坐标轴尽可能多地通过基本要素的压力中心,这样可以使计算简化。

(2)将刃口轮廓线按基本要素分成若干简单线段(圆弧或直线段)。

(3)计算出各基本要素的长度 $L_1,L_2,\cdots,L_n$。

(4)确定出各线段的中心位置,并计算出重心到 y 轴的距离 $x_1,x_2,\cdots,x_n$ 以及到 x 轴的距离 $y_1,y_2,\cdots,y_n$。

(5)根据力学原理,各分力对某轴力矩之和等于某合力对同轴之矩,则可得到压力中心坐标计算公式:

$$x_0 = \frac{L_1 x_1 + L_2 x_2 + L_3 x_3 + \cdots + L_n x_n}{L_1 + L_2 + L_3 + \cdots + L_n} = \frac{\sum\limits_{i=1}^{n} L_i x_i}{\sum\limits_{i=1}^{n} L_i} \qquad (2.10)$$

$$y_0 = \frac{L_1 y_1 + L_2 y_2 + L_3 y_3 + \cdots + L_n y_n}{L_1 + L_2 + L_3 + \cdots + L_n} = \frac{\sum\limits_{i=1}^{n} L_i y_i}{\sum\limits_{i=1}^{n} L_i} \qquad (2.11)$$

2.4.5 主要零件的选取

主要零件的选取参照 2.3 节的内容,对工作零件、定位零件、卸料及出料零件、模具导向零件等进行计算和选型。

2.4.6 设备选择

1. 设备吨位

对于施力行程小于压力机公称压力行程的工序,如冲孔、落料、压印等,可直接按照压力机公称压力选择设备。而对于拉深、弯曲等施力行程较大的工序,应当按压力机的许用负荷曲线选用设备,即保证压力机在整个行程中,作用力均不超过压力机许用负荷曲线。

2. 行程

压力机的行程应能保证零件的顺利取出以及毛坯的放进。对于冲裁工序,因工作行程较小,压力机行程基本均能满足需求。对于拉深工序,应保证压力机行程大于成品零件高度的 2.2 倍以上。

3. 装模高度

在确定模具架闭合高度之前,应先了解压力机的闭合高度。压力机的闭合高度是指滑块在下死点时,滑块底平面到工作台(不包括压力机垫板厚度)的距离。压力机连杆螺丝可以上下调节,当滑块在下死点位置,连杆螺丝向上调节,将滑块调整到最上位置时,滑块底面到工作台的距离称为压力机的最大闭合高度;当滑块在下死点位置,连杆螺丝向下调节,将滑块调整到最下位置时,滑块底面至工作台的距离称为压力机的最小闭合高度。

模具的闭合高度是指模具在最后工作位置时,上、下模板之间的距离。因此,为使模具正常工作,模具闭合高度必须与压力机的闭合高度相适应,应介于压力机最大和最小闭合高度之间,一般可按如下关系式确定,即

$$h_{\text{最大}} - 5 \text{ mm} \geqslant h_{\text{模}} \geqslant h_{\text{最小}} + 10 \text{ mm} \qquad (2.12)$$

模具设计时,除确定闭合高度外,还应考虑模具的张开高度。张开高度是指

滑块在上死点时,滑块底面至工作台的距离。对于冲裁、弯曲等模具,模具张开高度不宜过大,以免发生上模板与压力机导轨相撞或滚珠导向装置脱开的不良后果。对于拉深模,模具的张开高度过小,又会导致出件困难。对于有侧压、斜楔装置的模具,更应考虑模具的张开高度,以保证模具各动作协调工作。模具的张开高度应根据模具结构形式与压力机导轨至工作台间距等情况而定。

此外,模具设计时,上下模轮廓尺寸、模柄尺寸以及推件、卸料等零件的尺寸都应与压力机滑块、工作台等有关尺寸相适应。

模具与压力机的安装尺寸如图 2.49 所示。图中,$h_小$ 和 $h_大$ 分别为压力机最小和最大闭合高度,$h_模$ 为模具闭合高度,d 和 l 分别为压力机固定模具模柄的孔径和长度,N 为打料杆最低位置,C 为打料杆行程,h_1 和 D 分别为垫板厚度和孔径。

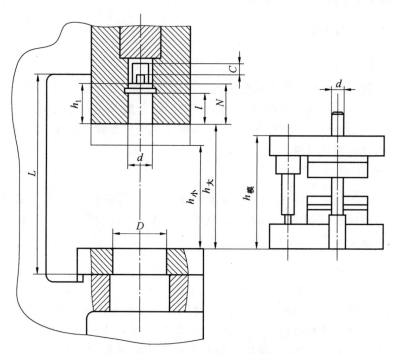

图 2.49　模具与压力机的安装尺寸

2.5　冲压模具在智能制造领域的发展

近年来,在数控加工技术的基础上,智能化的思想在制造业中也越来越普及,在冲压模具领域也得到了一定的应用与发展。模具智能制造是以模具数字化设计与制造(模具 CAD/CAPP/CAM)技术为基础,在模具制造技术中融入机器人、信息化、精密测量、互联互通、智能化管控等智能制造技术,以数字化、网络化、智能化为标准设计的模具智能制造单元为载体,包括模具 CAD/CAPP/CAM、模具智能制造系统调试、工业机器人编程与操作、模具零件智能加工与生产管控、模具装配与智能成形、生产组织管理与团队协作、产品质量保证等内容。

　　例如,在模具快速智能设计中应用智能化思想可以极大地提高设计效率。模具设计是一项复杂任务,设计人员在设计建模中获取需要的信息,进行必要的计算和思考,确定后续的一些结构和尺寸。设计人员在设计过程中的这些行为可以总结提炼出专家知识和推理机制,将这些知识和推理机制应用于模具快速设计中,通过设计过程中的智能化思想应用实现模具设计全过程的自动化设计和几何建模,让这个专家系统代替模具设计人员完成大部分的工作,可以极大地提高工作效率。

　　在实际生产领域,可以控制温度和压力的注射模和压铸模正在普及,新型的模具结构纷纷出现,精密成形控制技术也受到了越来越多模具企业的关注,显现出了许多模具智能化的初期特征。未来的智能模具由模具、传感器、网络及控制系统、成形工艺智能控制软件等组成,模具在成形零件的过程中,将传感器获取的实时信息传送给模具成形控制系统,由控制系统中的成形工艺(网络)智能控制软件对其进行分析和决策,并发出控制指令,实现模具成形工艺全过程的智能控制。

习　　题

　　2.1　简述单工序模、复合模和级进模的特点,以及它们之间的区别。

　　2.2　观察本章中的模具图,并指出其中的工作零件、定位零件、导向零件等。

　　2.3　简述冲压模具设计的整个流程。

第 3 章　冲裁工艺

冲裁是冲压成形中的基本工序,广义上的冲裁是分离工序的总称,包括切断、落料、冲孔、修边等工序。一般来说,冲裁工艺主要是指落料和冲孔工序。冲裁在实际生产中的应用极为广泛,冲裁件可以直接作为零件使用,又可以为其他冲压成形工序如弯曲、拉深等制备毛坯。本章将对冲裁工艺进行详细介绍。

3.1　冲裁的定义

冲裁是利用模具使板材产生分离的冲压成形工序,它可以制作零件或者为弯曲、拉深、成形等工序准备毛坯。按照基本工序分类,冲裁主要包括落料与冲孔等工序。从板材上沿一定的轮廓冲下所需形状的冲裁件或工序件称为落料;从工序件上冲出所需形状的孔(冲去部分为废料)称为冲孔。图 3.1 所示的垫圈即由落料与冲孔两道工序完成。

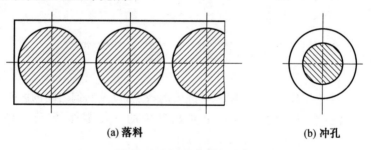

(a) 落料　　　　　　　　　　　　(b) 冲孔

图 3.1　垫圈的落料与冲孔

按照板材在冲裁过程中的变形机理,冲裁可分为普通冲裁与精密冲裁。普通冲裁是以凸、凹模之间产生剪切裂纹的形式实现板材分离;精密冲裁是以塑性变形的形式实现板材分离,冲出的零件断面垂直、光洁、精度高,但一般需要专门的精冲设备及模具。

3.2　冲裁工艺在航空航天制造中的应用

在航空航天制造中,冲裁工艺除了直接生产平板类零件以外,主要用于生产其他工序所需的毛料。

　　众多航空航天重要零部件,如图 3.2 所示的整流罩、带翻边的翼肋、天线罩、副油箱等,在经历拉深、旋压等工艺完成最终成形前,大部分都需要经过冲裁或剪裁工艺生产毛料。此外,航空航天制造中的少量平板类零件,例如仪表面板、仪表齿轮等,也可由冲裁工艺直接生产。

(a) 整流罩

(c) 天线罩

(b) 翼肋

(d) 副油箱

图 3.2　航空航天典型零部件

3.3　冲裁变形过程分析

3.3.1　冲裁变形时板材变形区受力情况分析

　　板材在模具上冲裁时的受力情况如图 3.3 所示。从图 3.3 中可以看出板材受四对力。

　　(1)F_1 和 F_2 为在设备的驱动下,当凸模下降至与板材接触时,板材就受到凸、凹模端面的作用力。显然,它是设备提供给模具的主动力,可以近似地看成一对作用力与反作用力。凸、凹模之间存在间隙,使凸、凹模施加于板材上的力产生一个力矩 M,其值等于凸、凹模作用的合力,即 F_1 和 F_2 与稍大于间隙的力臂

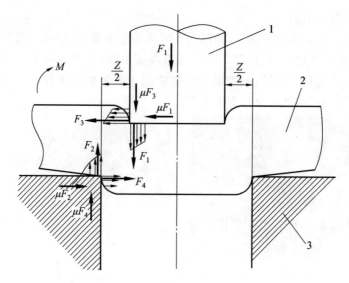

图 3.3 冲裁时作用于板材上的力
1—凸模;2—板材;3—凹模

的乘积。正是该力矩使材料在冲裁过程中产生弯曲,故模具与板材仅在刃口附近的狭小区域内保持接触。因此,凸、凹模作用于板材的垂直压力呈不均匀分布,随着向模具刃口靠近而急剧增大。

(2)F_3和 F_4 为凸模和凹模侧面对板材施加的侧压力。

(3)μF_1 和 μF_2 为凸模和凹模端面的摩擦力。

(4)μF_3 和 μF_4 为凸模和凹模侧面的摩擦力。

很显然,这四对力大小不相等:$F_1 = F_2 > F_3 = F_4$,$\mu F_1 = \mu F_2 > \mu F_3 = \mu F_4$,即凸模与凹模端面的静水压应力高于侧面的,且凸模刃口附近的静水压应力又比凹模刃口附近的高。

3.3.2 冲裁变形过程

冲裁既然是分离工序,工件受力时必然从弹性变形开始,经过塑性变形,以断裂结束。因此,在冲裁模间隙正常、刃口锋利的情况下,冲裁变形过程可分为如下三个阶段。

1. 弹性变形阶段

弹性变形如图 3.4(a)所示,当凸模开始接触板材并下压时,凸、凹模刃口压入材料中,刃口周围的材料产生应力集中,从而产生弹性压缩、弯曲、拉深等复杂变形。随着凸模的继续压入,材料在刃口产生的应力也逐渐增大,直至达到弹性极限。此时,若卸除凸模压力,材料能够恢复原状,不产生永久变形。

2. 塑性变形阶段

凸模继续压入,材料内应力达到屈服极限。塑性变形如图 3.4(b)所示,材料在凸、凹模的接触处产生塑性变形。在板材剪切面的边缘,由于弯曲、拉深等作用形成塌角,同时在剪切断面上形成一小段光亮且与板面垂直的直边。随着材料内应力的增大,塑性变形程度也随之增加,变形区的材料硬化加剧。

3. 断裂阶段

板材内应力达到强度极限后,凸模继续下压,板材在凸、凹模接触处产生裂纹,如图 3.4(c)所示。在应力的作用下,裂纹不断扩展,裂纹延伸如图 3.4(d)所示。当凸、凹模之间具有合理间隙时,上、下裂纹能够汇合,板材发生分离,断裂分离如图 3.4(e)所示。之后凸模继续下压,将已分离的材料从板材中推出,完成冲裁过程。

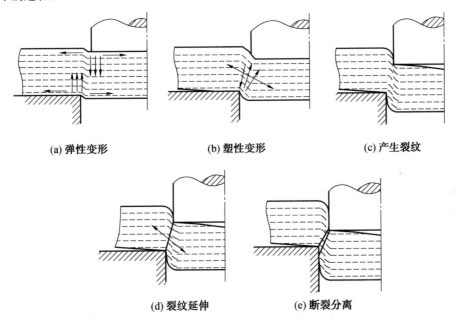

(a) 弹性变形　　　　(b) 塑性变形　　　　(c) 产生裂纹

(d) 裂纹延伸　　　　(e) 断裂分离

图 3.4　冲裁变形过程

3.3.3　冲裁变形时板材的应力状态分析

冲裁时,由于板材弯曲的影响,其剪切区应力状态复杂,且与变形过程有关。对于无卸料板压紧材料的冲裁,其应力状态如图 3.5 所示。

图中,A 点:凸模下压引起的轴向拉应力 σ_3,板材弯曲与凸模侧压力引起的径向压应力 σ_1,而切向应力 σ_2 为板材弯曲引起的压应力与侧压力引起的拉应力的合成应力;B 点:凸模下压及板材弯曲引起的三向压应力;C 点:沿纤维方向的

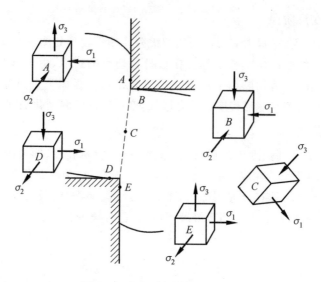

图 3.5　冲裁时板材的应力状态

拉应力 σ_1，垂直于纤维方向的压应力 σ_3；D 点：凹模挤压板材产生的轴向压应力 σ_3，板材弯曲引起的径向拉应力 σ_1 和切向拉应力 σ_2；E 点：凸模下压引起的轴向拉应力 σ_3，板材弯曲引起的拉应力与凹模侧压力引起的压应力合成应力 σ_1 与 σ_2，该合成应力可能是拉应力，也可能是压应力，与凸、凹模间隙的大小有关。

　　从 A、B、C、D、E 各点的应力状态可看出，凸模与凹模端面（即 B 与 D 点处）的静水压应力（球压张量）高于侧面（A、E 处）的静水压应力，且凸模刃口附近的静水压应力又比凹模刃口附近的高。

3.3.4　裂纹的形成与发展

　　金属一般都能承受一定的塑性变形而不破裂，同理，冲裁过程也必定是塑性变形增大到一定值时，断裂才能开始。这种极限塑性应变值（无裂纹）与应力状态及应力大小有关，随着静水压应力的增大而增加。冲裁时最大应变发生在刃口附近，由应力状态分析得知，凸、凹模刃口侧面静水压应力低于端面静水压应力，且凹模刃口侧面的静水压应力最低，所以首先在凹模刃口侧面板材中产生裂纹，继而才在凸模刃口侧面处产生裂纹，上、下裂纹汇合后工件最终分离。因此，裂纹形成时，在冲裁件上留下了毛刺。图 3.6 所示为日本学者岩田一明用扫描电镜观察裂纹形成过程后绘制的凹模侧裂纹成长模型图，其中间隙 $Z=(0\sim16\%)\times t$。裂纹首先在凹模刃口侧面发生，此时凸模的行程比为 20%。裂纹产生后先向废料侧（指落料）发展，主裂纹暂停发展，然后裂纹前端附近依次重新产生微裂纹，微裂纹的根部汇成主裂纹，直到主裂纹与成长到凸模侧产生的裂纹汇合而使板材断裂，微裂纹与主裂纹的方向是逐渐由废料侧转向成品侧的。间隙过大时($Z=24.5\%t$),只在凹模刃口侧面产生裂纹,且裂纹发展不大,直到凸模行程比超过 100％,板材才逐渐缩颈,直至断裂。

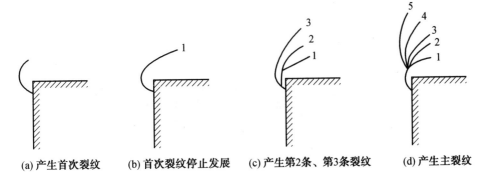

(a) 产生首次裂纹　　(b) 首次裂纹停止发展　(c) 产生第2条、第3条裂纹　(d) 产生主裂纹

图 3.6　典型裂纹生长模型图

上述裂纹成长的方向与视塑性法求出的最大剪应变速度方向大致相同,所以冲裁时由于刃口附近应变与应力集中,加上拉应力的作用造成了裂纹的产生与扩展,裂纹产生后大致沿最大剪应变速度方向发展。

3.3.5　冲裁力与凸模行程曲线

冲裁过程中冲裁力的大小是不断变化的,图 3.7 所示为冲裁时冲裁力与凸模行程关系曲线。图中 OA 段相当于冲裁的弹性变形阶段。在这个阶段,凸模接触材料后,载荷急剧上升。当压力超过材料的屈服强度,即凸模刃口开始挤入材料时,就进入了塑性变形阶段,此时载荷的上升速度变慢,如 AB 段所示,在此阶段,一方面,切刃的深入使得冲裁的断面不断减小,冲裁力降低,另一方面,材料的加工硬化使得冲裁力增加。当二者达到平衡时,冲裁力达到最大值,即图中的 B

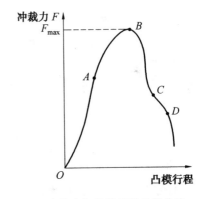

图 3.7　冲裁力与凸模行程关系曲线

点。此后,冲裁面积的减小超过加工硬化对力的影响,冲裁力不断减小。凸模继续下行,材料内部产生裂纹并迅速扩展,使冲裁力急剧下降,从而进入了冲裁的断裂阶段,如 BC 段所示。此后的冲裁力表现为克服推出已分离料的摩擦力。

3.3.6　冲裁件质量及其影响因素

冲裁件质量包括断面情况、尺寸精度和形状误差:断面情况指垂直度、光洁度和毛刺的大小;尺寸精度指冲裁件精度是否在图纸规定的公差范围内;形状误差指外形是否满足图纸要求,表面是否平直,即穹弯小。

1. 冲裁断面的特征

冲裁变形的特点使冲裁出的工件断面明显地分成 4 个特征区,即圆角(塌角)带、光亮带、断裂带与毛刺区(图 3.8)。

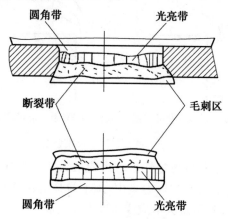

图 3.8　冲裁零件的断面

圆角带是冲裁中刃口刚压入材料时,刃口附近材料产生弯曲和伸长变形的结果。落料时,圆角带位于大端。板材的塑性越好,凸、凹模的间隙越大,形成的圆角越大。影响圆角带大小的因素除材料性质以外,还有工件轮廓形状、凸模与凹模的间隙等。

光亮带紧挨圆角带,是由凸模切入板材及板材挤入凹模时产生的塑性剪切变形而形成的,垂直于板材平面。冲孔时,光亮带位于小端;落料时,光亮带位于大端。通常,光亮带占全断面的 1/3~1/2。塑性好的材料,其光亮带大。光亮带同时还与凸、凹模间隙及模具刃口的磨损程度等加工条件有关。

断裂带紧挨光亮带,是由冲裁时产生的裂纹及裂纹扩展形成的。断裂带表面粗糙,并带有 4°~6° 的斜角。冲孔时,断裂带位于大端;落料时,断裂带位于小端。塑性差的材料,断裂带大。凸、凹模间隙越大,断裂带越宽且斜角越大。毛刺区在塑性变形阶段的后期产生。

凸模和凹模的刃口切入一定深度后,刃口正面材料被压缩,刃尖部分为高静水压力状态,使裂纹起点不在刃尖处发生,而是在距刃尖不远处的模具侧面产生,因为此处受拉应力。在拉应力的作用下,裂纹加长、材料断裂而产生毛刺,裂纹的产生点和刃尖的距离即为毛刺的高度。在普通冲裁中,毛刺的产生是不可避免的。

圆角带、光亮带、断裂带三部分在冲裁件断面上所占的比例随材料的机械性能、凸/凹模间隙、模具结构等不同而变化。要想提高冲裁件切断面的光洁程度与尺寸精度,可通过增加光亮带的高度或采用整修工序来实现。增加光亮带高度的关键是延长塑性变形阶段,推迟裂纹的产生。这可以通过增加金属塑性和减少刃口附近的变形与应力集中来实现。

2. 影响冲裁断面质量的因素

断面的光亮带越宽、断裂带越窄、圆角及毛刺越小,冲裁件的质量就越好。冲裁断面质量的影响因素主要包括材料性能、冲裁模间隙、模具刃口锐钝情况以及导向情况。其中,冲裁模间隙对冲裁断面质量的影响将在 3.4 节中详细讲述,这里主要介绍材料性能与模具刃口锐钝情况对冲裁断面质量的影响。

(1)材料的性能。

在其他条件都相同的情况下,不同的材料会对冲裁的质量产生影响。此处材料的性能主要指材料塑性。塑性好的材料冲裁时,裂纹出现较迟,故剪切深度大、光亮带宽、圆角大、断裂带窄;反之,塑性差的材料较早拉裂,光亮带窄、断裂带宽、圆角小、穿弯小。

(2)模具刃口锐钝。

模具刃口磨损成圆角变钝时,刃口与材料的接触面积增加,应力集中效应减轻,挤压作用大,延缓了裂纹的产生,工件圆角大、光亮带宽,但裂纹发生点由刃口侧面向上移动,毛刺高度加大,即使间隙合理,仍会产生较大的毛刺。若凸模刃口磨钝,则会在落料件上端产生毛刺,如图 3.9(a)所示;若凹模刃口磨钝,则会在冲孔件的孔口下端产生毛刺,如图 3.9(b)所示;若凸、凹模刃口同时磨钝,则冲裁件上、下端都会产生毛刺,如图 3.9(c)所示。由此可以看出,毛刺在磨钝的地方产生。

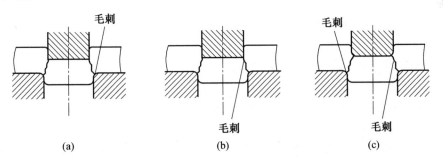

图 3.9 凸、凹模刃口磨钝时毛刺的形成情况

3.4　冲裁模间隙

3.4.1　冲裁模间隙的定义

冲裁模间隙是指凸、凹模刃口间缝隙的距离,如图 3.10 所示,用符号 C 表示,俗称单面间隙,而双面间隙用 Z 表示,单面间隙为 $Z/2$,其值可为正,也可为负,但在普通冲裁中均为正值。如无特殊说明,冲裁模间隙都是指双面间隙。冲裁模间隙对冲裁件质量、冲裁力、模具寿命的影响很大,是冲裁工艺与模具设计中极其重要的工艺参数。

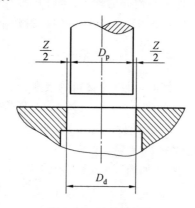

图 3.10　冲裁模间隙

3.4.2　间隙对冲裁件质量的影响

1. 间隙对冲裁件断面的影响

从冲裁机理分析中得知,冲裁时,裂纹不一定从两刃口同时发生,上、下裂纹是否重合与凸、凹模间隙的大小有关。

当把凸、凹模间隙控制在一定的合理值范围内时,由凸、凹模刃口沿最大剪应力方向产生的裂纹将互相重合。此时,冲出的工件(或孔)断面虽有一定斜度,但比较平直、光洁,毛刺很小,如图 3.11(a)所示,且所需冲裁力小。

间隙过小时,由凹模刃口处产生的裂纹进入凸模下面的压应力区后停止发展。当凸模继续下压时,在上、下裂纹中间将产生二次剪切,工件断面的中部留下撕裂面,如图 3.11(b)所示,而两头为光亮带,在端面出现挤长的毛刺。毛刺虽有所增长,但易去除,且工件穹弯小,断面垂直,故只要中间撕裂不是很深,仍可应用。

　　间隙过大时,材料的弯曲与拉深增大,拉应力增大,材料易被撕裂,且裂纹在离开刃口稍远的侧面上产生,致使工件光亮带减小,圆角带与断裂斜度都增大,毛刺大而厚,如图 3.11(c)所示,难以去除。

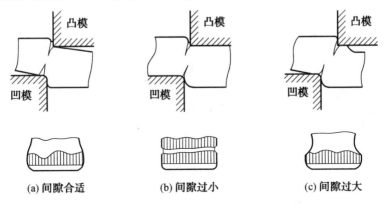

图 3.11　间隙大小对工件断面质量的影响

2. 间隙对冲裁件尺寸精度的影响

　　理想情况下,落料件的尺寸与凹模刃口的尺寸相同,而冲孔件的尺寸与凸模刃口的尺寸相同。然而实际上,工件的弹性恢复现象影响了冲裁件的尺寸精度(δ)。冲裁件相对于凸、凹模尺寸的偏差,主要是由工件脱离模具时,材料在冲裁中所受的挤压变形、纤维伸长、穿弯都要弹性恢复造成的。偏差值可能是正的,也可能是负的。影响该偏差值的因素有:凸、凹模间隙,材料性质,工件形状与尺寸,其中主要因素是凸、凹模间隙。

　　凸、凹模间隙较大时,材料所受拉深作用增大,冲裁后因材料的弹性恢复使落料尺寸小于凹模尺寸,冲孔孔径大于凸模直径。但因穿弯的弹性恢复方向与以上相反,故偏差值是二者综合的结果。间隙较小时,由于材料受凸、凹模挤压力大,故冲裁后,材料的弹性恢复使落料件尺寸增大,冲孔孔径变小。冲裁模间隙对冲裁精度的影响如图 3.12 所示。

　　此外,较软的材料弹性变形量较小,冲裁后的弹性恢复量也较小,工件精度较高;较硬的材料弹性变形量较大,冲裁后的弹性恢复量也较大,工件精度低;薄料冲裁时,弹性拱弯大,弹性恢复量也大,工件精度低。零件尺寸越大,形状越复杂,模具制造调整就越困难,冲裁间隙越不易保证均匀,故尺寸偏离就越大。冲裁模具精度与零件精度的关系见表 3.1。

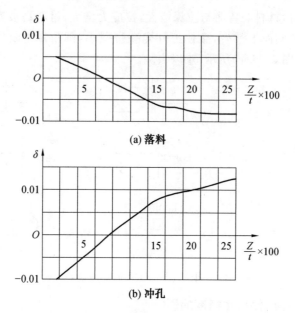

(a) 落料

(b) 冲孔

图 3.12　冲裁模间隙对冲裁精度的影响

表 3.1　冲裁模具精度与零件精度的关系

冲裁模具精度	板材厚度 t/mm											
	0.5	0.8	1	1.5	2	3	4	5	6	7	8	10	12
IT6~IT7	IT8	IT8	IT9	IT10	IT10								
IT7~IT8		IT9	IT10	IT10	IT12	IT12	IT12						
IT9				IT12	IT12	IT12	IT12	IT12	IT14	IT14	IT14	IT14	IT14

3. 间隙对形状误差的影响

材料在冲裁过程中由于受到弯曲力矩作用,因而出现弯拱现象,冲裁弯拱如图 3.13 所示。加工硬化指数大的材料,冲裁后产生的弯拱较大。此外,凸、凹模间隙越大,弯拱也越大。工程上经常采用压料板和顶件块作为预防和减少弯拱的措施,如图 3.14 所示。

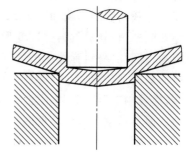

图 3.13　冲裁弯拱

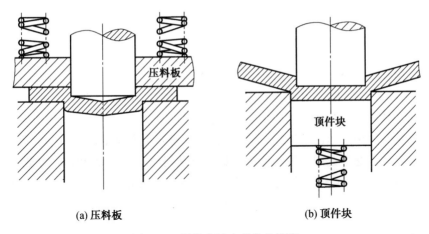

(a) 压料板　　　　　　　　　　　　　(b) 顶件块

图 3.14　预防和减少弯拱的措施

3.4.3　间隙对冲裁力的影响

间隙与冲裁力有一定程度的关系:间隙越小,所需冲裁力就越大;间隙越大,材料容易分离,所需冲裁力就越小。但过大的间隙会导致毛刺过大,造成卸料力、推件力迅速增加,反而对减小冲裁力不利。当间隙在合理范围内时,其冲裁力最小。

3.4.4　间隙对模具寿命的影响

模具寿命是以冲出合格制品的冲裁次数或者冲裁件数来衡量的,分为两次刃磨间的寿命与全部磨损后的总寿命。模具两次刃磨间的寿命是指两次刃磨之间模具的服役时间或冲裁次数。模具总寿命是指模具从开始使用到经过多次刃磨后终因尺寸超差而最终失效期间的服役总时间或冲裁总次数。间隙是影响模具寿命的一个主要因素。

冲裁模的失效形式有磨损、变形、崩刃、折断和胀裂。在无压紧冲裁时,凸模下面的材料沿板面方向的移动受到限制,而凹模端面上材料的滑动却比较自由,所以凹模端面磨损要比凸模端面磨损大。并且凸模侧面磨损最大,这是因为从凸模上卸料加剧了其侧面的磨损。为减少这种磨损,必须采用较大间隙值,使孔径在冲裁后因回弹而增大,便于卸料,减少凸模面的磨损。

总之,为了提高模具寿命,减小模具损耗,避免凹模刃口胀裂,一般需要采用较大间隙。若采用小间隙,就必须提高模具硬度与模具制造光洁度、精度,改善润滑条件,以减小磨损。

3.4.5　冲裁模间隙的确定

由以上分析可知,凸、凹模间隙对冲裁件质量、冲裁力、模具寿命都有很大的影响。因此,设计模具时一定要选择一个合理的间隙,使冲裁件的断面质量较好,所需冲裁力较小,模具寿命较高。但分别从质量、精度、冲裁力等方面的要求各自确定的合理间隙并不相同,考虑到模具制造中的偏差及使用中的磨损,生产中通常选择一个适当的范围作为合理间隙,只要间隙在这个范围内,就可以冲出良好的零件。这个范围的最小值称为最小合理间隙($C_{\min}$),最大值称为最大合理间隙($C_{\max}$)。考虑到模具在使用过程中的磨损使间隙增大,故设计与制造新模具时要采用最小合理间隙 $C_{\min}$。确定合理间隙的方法有两种。

1. 理论计算法

理论计算法的主要依据是保证裂纹重合,以便获得良好的断面。合理间隙值理论计算图如图 3.15 所示,可确定间隙 Z:

$$Z=2(t-h_0)\tan \beta=2t\left(1-\frac{h_0}{t}\right)\tan \beta \tag{3.1}$$

式中　t——板材厚度;

　　　h_0——凸模压入深度,与材料的性质有关;

　　　β——最大剪应力方向与垂线的夹角(即裂纹方向角)。

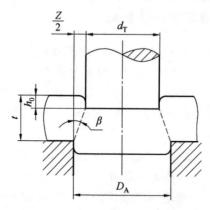

图 3.15　合理间隙值理论计算图

由式(3.1)可知,冲裁模的间隙主要与材料的性质(相对压入深度 h_0/t 和裂纹方向角 β)和板材的厚度(t)有关。表 3.2 列出了常用材料的相对压入深度 h_0/t 和裂纹方向角 β。

表 3.2 h_0/t 与 β 值

材料	$\dfrac{h_0}{t}$ /%				β
	$t<1$	$1 \leqslant t<2$	$2 \leqslant t<4$	$t \geqslant 4$	
软钢	70～75	65～70	55～65	40～50	5°～6°
中硬钢	60～65	48～55	48～55	35～45	4°～5°
硬钢	47～54	45～47	38～44	25～35	4°

概括地说,板材越厚,塑性越差,则间隙越大;材料越薄,塑性越好,则间隙越小。

2. 经验法(查表法)

由于理论计算法在生产应用中很不方便,因此,目前在生产中广泛采用经验法(查表法)确定合理的冲裁模间隙。表 3.3 给出了推荐的几种常用的间隙。

表 3.3 冲模初始双边间隙 Z(电器仪表行业)

材料厚度 /mm	08,10,35,09Mn, A3,B3		16Mn		40,50		65Mn	
	Z_{min}	Z_{max}	Z_{min}	Z_{max}	Z_{min}	Z_{max}	Z_{min}	Z_{max}
<0.5	极小间隙(无间隙)							
0.5	0.040	0.060	0.040	0.060	0.040	0.060	0.040	0.060
0.6	0.048	0.072	0.048	0.072	0.048	0.072	0.048	0.072
0.7	0.064	0.092	0.064	0.092	0.064	0.092	0.064	0.092
0.8	0.072	0.104	0.072	0.104	0.072	0.104	0.072	0.104
0.9	0.090	0.126	0.090	0.126	0.090	0.126	0.090	0.126
1.0	0.100	0.140	0.100	0.140	0.100	0.140	0.100	0.140
1.2	0.126	0.180	0.132	0.180	0.132	0.180		
1.5	0.132	0.240	0.170	0.240	0.170	0.230		
1.75	0.220	0.320	0.220	0.320	0.220	0.320		
2.0	0.246	0.360	0.260	0.380	0.260	0.380		
2.1	0.260	0.380	0.280	0.400	0.280	0.400		
2.5	0.360	0.500	0.380	0.540	0.360	0.540		

续表 3.3

材料厚度/mm	08,10,35,09Mn,A3,B3		16Mn		40,50		65Mn	
	Z_{min}	Z_{max}	Z_{min}	Z_{max}	Z_{min}	Z_{max}	Z_{min}	Z_{max}
2.75	0.400	0.560	0.420	0.600	0.420	0.600		
3.0	0.460	0.640	0.480	0.660	0.480	0.660		
3.5	0.540	0.740	0.580	0.780	0.540	0.780		
4.0	0.640	0.880	0.680	0.920	0.680	0.920		
4.5	0.720	1.000	0.680	0.960	0.780	1.040		
5.5	0.940	1.280	0.780	1.100	0.980	1.320		
6.0	1.080	1.440	0.840	1.200	1.140	1.150		
6.5			0.940	1.300				
8.0			1.200	1.680				

由于篇幅有限,无法列举出全部模具钢和板材厚度。对于表中没有的材料和厚度,查表时可取与其相近的材料和厚度确定间隙。在确定间隙大小的具体数值时,应结合冲裁件的具体要求和实际的生产条件来考虑。总体原则有两个。

(1)对断面垂直度、尺寸精度要求不高的零件,在保证零件质量的前提下,应以降低冲裁力、提高模具寿命为主,采用较大的间隙。

(2)对断面垂直度、尺寸精度要求较高的零件,应选用较小的间隙。

3.5　凸模与凹模刃口尺寸的确定

凸、凹模刃口尺寸精度直接决定冲裁件的尺寸精度,冲裁模的合理间隙也是靠凸、凹模刃口尺寸精度及其公差来保证的。因此,正确计算凸、凹模刃口尺寸及其公差是设计冲裁模的一项重要工作。

3.5.1　刃口尺寸的计算依据

模具刃口尺寸精度是影响冲裁件尺寸精度的首要因素,模具的合理间隙也要靠模具刃口尺寸及其公差来保证。在生产实践中发现三个现象。

(1)冲裁模间隙的存在使得冲裁件断面都带有锥度。落料件的光亮带处于大端尺寸,而冲孔件的光亮带处于小端尺寸,且落料件的大端尺寸等于凹模尺寸,冲孔件的小端尺寸等于凸模尺寸。

（2）光亮带是垂直的，是用于测量和使用的部位。因此在测量与使用中，落料件以大端尺寸为基准，冲孔孔径以小端尺寸为基准。

（3）冲裁过程中，凸、凹模要与冲裁零件或废料发生摩擦，凸模越磨越小，凹模越磨越大，使间隙越用越大。

鉴于上述现象，在计算冲裁模的凸、凹模刃口尺寸及其制造公差时，需考虑下述原则。

（1）设计落料模时，先确定凹模刃口尺寸，即以凹模为基准，间隙取在凸模上，冲裁模间隙通过减小凸模刃口尺寸来取得。设计冲孔模时，先确定凸模刃口尺寸，即以凸模为基准，间隙取在凹模上，冲裁模间隙通过增大凹模刃口尺寸来取得。

（2）根据冲裁模在使用过程中的磨损规律，设计落料模时，凹模基本尺寸应取接近或等于工件的最小极限尺寸；设计冲孔模时，凸模基本尺寸则取接近或等于工件孔的最大极限尺寸。

（3）冲裁（设计）间隙一般选用最小合理间隙（Z_{min}）。

（4）选择模具刃口制造公差时，要考虑工件精度与模具精度的关系，既要保证工件的精度要求，又要保证有合理的间隙。

（5）工件尺寸公差与冲模刃口尺寸的制造偏差原则上都应按入体原则标注为单向公差。但对于磨损后无变化的尺寸，一般标注双向偏差。

3.5.2 凸、凹模刃口尺寸的计算方法

由于模具加工和测量方法不同，凸模与凹模刃口部分尺寸的计算公式与制造公差的标注也基本为两类。

1. 凸、凹模分开加工

凸、凹模分开加工是指凸、凹模分别按加工图纸进行加工。分开加工具有如下特点：具有互换性，制造周期短，但 Z_{min} 不易保证，需要提高加工精度、增加制造难度来保证冲裁模的最小合理间隙。

分开加工方法适用于圆形或者形状简单的冲裁模，其计算方法如下。

（1）落料模。

以凹模尺寸为基准，间隙取在凸模上：

$$D_A = (D - \chi\Delta)^{+\delta_A}_{0} \tag{3.2}$$

$$D_T = (D_A - Z_{min})^{0}_{-\delta_T} = (D - \chi\Delta - Z_{min})^{0}_{-\delta_T} \tag{3.3}$$

式中　D_T、D_A——落料凸、凹模刃口尺寸，mm；

　　　D——落料件外径公称尺寸，mm；

　　　Δ——零件公差，mm；

$Z_{\min}$——最小合理间隙,mm;

χ——磨损系数;

$\chi\Delta$——模具磨损预留量,mm;

δ_{T}、δ_{A}——落料凸、凹模的制造公差,mm。

(2)冲孔模。

以凸模尺寸为基准,间隙取在凹模上:

$$d_{\mathrm{T}} = (d + \chi\Delta)_{-\delta_{\mathrm{T}}}^{0} \tag{3.4}$$

$$d_{\mathrm{A}} = (d_{\mathrm{T}} + Z_{\min})_{0}^{+\delta_{\mathrm{A}}} = (d + \chi\Delta + Z_{\min})_{0}^{+\delta_{\mathrm{A}}} \tag{3.5}$$

式中　d_{T}、d_{A}——冲孔凸、凹模刃口尺寸,mm;

d——零件孔径公称尺寸,mm;

δ_{T}、δ_{A}——冲孔凸、凹模的制造公差,mm,通常按模具的制造精度来定,也可参照表 3.4;

$\chi\Delta$——模具磨损预留量,其中磨损系数 χ 是为了使零件的实际尺寸尽量接近零件公差带的中间尺寸,其值在 0.5～1 之间,χ 值主要与材料厚度、尺寸精度和形状三个因素有关,χ 值的大小可由表 3.5 获得。

表 3.4　规则形状(圆形或方形件)冲裁时凸模、凹模的制造公差

基本尺寸	凸模公差 δ_{T}	凹模公差 δ_{A}	基本尺寸	凸模公差 δ_{T}	凹模公差 δ_{A}
≤18	0.020	0.020	180～260	0.030	0.045
18～30	0.020	0.025	260～360	0.035	0.050
30～80	0.020	0.030	360～500	0.040	0.060
80～120	0.025	0.035	＞500	0.050	0.070
120～180	0.030	0.040	—	—	—

表 3.5　磨损系数 χ

材料厚度 t /mm	非圆形			圆形	
	1	0.75	0.5	0.75	0.5
	工件公差 Δ/mm				
＜1	＜0.16	0.17～0.35	≥0.36	＜0.16	≥0.16
1～2	＜0.20	0.21～0.41	≥0.42	＜0.20	≥0.20
2～4	＜0.24	0.25～0.49	≥0.50	＜0.24	≥0.24
≥4	＜0.30	0.31～0.49	≥0.60	＜0.30	≥0.30

孔心距：

$$L_{\mathrm{d}} = L \pm \frac{1}{8}\Delta \tag{3.6}$$

式中　L_{d}——冲孔凸模或者凹模孔心距的标称尺寸,mm;

　　　L——工件孔心距的标称尺寸,mm;

　　　Δ——孔心距的公差,mm。

由于采用凸、凹模分开加工法,最小合理间隙难以保证,所以,为了保证可能的初始间隙不超过 $Z_{\max}$,即凸、凹模的制造公差必须满足下列条件：

$$|\delta_{\mathrm{A}}| + |\delta_{\mathrm{T}}| \leqslant Z_{\max} - Z_{\min} \tag{3.7}$$

如果不满足式(3.7),则必须重新规定凸、凹模的制造公差,通常凸、凹模公差按公式 $\delta_{\mathrm{T}} \leqslant 0.4(Z_{\max} - Z_{\min})$ 和 $\delta_{\mathrm{A}} \leqslant 0.6(Z_{\max} - Z_{\min})$ 加以调整,以满足上述条件。

由此可见,分开加工模具的精度受最小合理间隙大小的限制。最小合理间隙越小,模具的加工精度要求越高,反之亦然。

例 3.1　冲制图 3.16 所示零件,材料为 Q235 钢,料厚 $t = 0.5$ mm。计算冲裁凸、凹模刃口尺寸及公差。

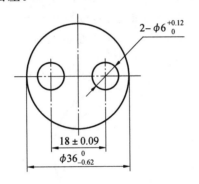

图 3.16　零件示意图

解　由图 3.16 可知,该零件属于无特殊要求的一般冲孔、落料件。外形尺寸 $\phi36_{-0.62}^{0}$ 由落料获得,尺寸 $2-\phi6_{0}^{+0.12}$ 和 18 ± 0.09 由冲孔同时获得。查表 3.3 得

$$Z_{\min} = 0.04 \text{ mm}, \quad Z_{\max} = 0.06 \text{ mm}$$

则

$$Z_{\max} - Z_{\min} = 0.06 - 0.04 = 0.02 \text{ (mm)}$$

由公差表查得,$2-\phi6_{0}^{+0.12}$ 为 IT12 级,取 $\chi = 0.75$;$\phi36_{-0.62}^{0}$ 为 IT14 级,取 $\chi = 0.5$。

设凸、凹模分别按 IT6 和 IT7 级加工制造,则

冲孔：$d_T = (d + \chi\Delta)_{-\delta_T}^{0} = (6 + 0.75 \times 0.12)_{-0.008}^{0} = 6.09$(mm)

$\qquad d_A = (d_T + Z_{min})_{0}^{+\delta_A} = (6.09 + 0.04)_{0}^{+0.012} = 6.13_{0}^{+0.012}$(mm)

校核：$|\delta_A| + |\delta_T| \leqslant Z_{max} - Z_{min}$

$\qquad 0.008 + 0.012 \leqslant 0.06 - 0.04$

$\qquad 0.02 = 0.02$（满足间隙公差条件）

孔距尺寸：$L_d = L \pm \dfrac{1}{8}\Delta = 18 \pm 0.125 \times 2 \times 0.09 = 18 \pm 0.023$(mm)

落料：$D_A = (D_{max} - \chi\Delta)_{0}^{+\delta_A} = (36 - 0.5 \times 0.62)_{0}^{+0.025} = 35.69_{0}^{+0.025}$(mm)

$\qquad D_T = (D_A - Z_{min})_{-\delta_T}^{0} = (35.69 - 0.04)_{-0.016}^{0} = 35.65_{-0.016}^{0}$(mm)

校核：$0.016 + 0.025 = 0.04 > 0.02$（不满足间隙公差条件）

因此，只有缩小制造公差，提高制造精度，才能保证间隙在合理范围内，由此可取

$$\delta_T \leqslant 0.4(Z_{max} - Z_{min}) = 0.4 \times 0.02 = 0.008\text{(mm)}$$

$$\delta_A \leqslant 0.6(Z_{max} - Z_{min}) = 0.6 \times 0.02 = 0.012\text{(mm)}$$

故

$$D_A = 35.69_{0}^{+0.025}\,\text{mm}, \quad D_T = 35.65_{-0.016}^{0}\,\text{mm}$$

　　例 3.2　冲裁如图 3.17 所示的垫圈，材料为 10 号钢，厚度为 1 mm，计算凸、凹模工作部分的尺寸。请问若冲压件的厚度为 3 mm，模具制造精度能否为 IT6 级？

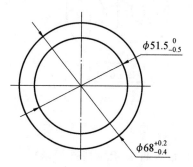

图 3.17　垫圈示意图

　　解　由 10 号钢和厚度 1 mm 查表 3.3 得

$$Z_{min} = 0.13 \text{ mm}, \quad Z_{max} = 0.16 \text{ mm}$$

则

$$Z_{max} - Z_{min} = 0.06 - 0.04 = 0.02 \text{ (mm)}$$

由公差表查得 $\phi 51.5_{-0.5}^{0}$，取 $\chi = 0.5$；$\phi 68_{-0.04}^{+0.02}$，取 $\chi = 0.5$。

冲孔：$\phi 51.5_{-0.5}^{0}$ 改为 $\phi 51.5_{0}^{+0.5}$

$\qquad d_T = (d + \chi\Delta)_{-\delta_T}^{0} = (51 + 0.5 \times 0.5)_{-0.008}^{0} = 51.25_{-0.008}^{0}$(mm)

$$d_A = (d_T + Z_{min})^{+\delta_A}_0 = (51.28 + 0.13)^{+0.012}_0 = 51.41^{+0.012}_0 \text{(mm)}$$

落料:$\phi 68^{+0.02}_{-0.04}$ 改为 $\phi 68.02^0_{-0.06}$

$$D_A = (D_{max} - \chi\Delta)^{+\delta_A}_0 = (68.2 - 0.5 \times 0.6)^{+0.012}_0 = 67.9^{+0.012}_0 \text{(mm)}$$

$$D_T = (D_A - Z_{min})^0_{-\delta_T} = (67.9 - 0.13)^0_{-0.008} = 67.77^0_{-0.008} \text{(mm)}$$

验证:$\delta_T + \delta_A = 0.020 < 0.03$

若 $t = 3$ mm,模具制造精度为 IT6 级,则

$$\delta_T + \delta_A = 0.063 > 0.06$$

所以,精度应高于 IT6 级。

例 3.3　已知某冲裁件示意图如图 3.18 所示,材料为 10 号钢,厚度为 1 mm,中批量生产。试按互换加工计算该零件落料、冲孔复合冲裁模的刃口尺寸。

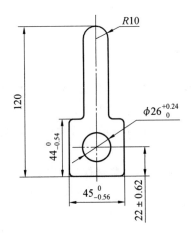

图 3.18　某冲裁件示意图

解　外形为落料,以凹模为基准,查表 3.5 得

$$\chi = 0.5, \quad Z_{min} = 0.1 \text{ mm}$$

凹模:$D_A = (D - \chi\Delta)^{+\delta_A}_0$

尺寸 45 mm:$(45 - 0.5 \times 0.56)^{+0.01}_0 = 44.72^{+0.01}_0 \text{(mm)}$

尺寸 44 mm:$(44 - 0.5 \times 0.54)^{+0.01}_0 = 43.73^{+0.01}_0 \text{(mm)}$

尺寸 10 mm:$(10 - 0.5 \times 0.22)^{+0.008}_0 = 9.89^{+0.008}_0 \text{(mm)}$

尺寸 120 mm:$(120 - 0.5 \times 0.54)^{+0.015}_0 = 119.73^{+0.015}_0 \text{(mm)}$

凸模:$D_T = (D - \chi\Delta - Z_{min})^0_{-\delta_T}$

尺寸 45 mm:$(45 - 0.5 \times 0.56 - 0.1)^0_{-0.007} = 44.62^0_{-0.007} \text{(mm)}$

尺寸 44 mm:$(44 - 0.5 \times 0.54 - 0.1)^0_{-0.007} = 43.63^0_{-0.007} \text{(mm)}$

尺寸 10 mm:$(10 - 0.5 \times 0.22 - 0.1)^0_{-0.006} = 9.79^0_{-0.006} \text{(mm)}$

尺寸 120 mm：$(120-0.5\times0.54-0.1)_{-0.01}^{0}=119.63_{-0.01}^{0}$（mm）

内形为冲孔，以凸模为基准，查表 3.5 得

$$\chi=0.5,\quad Z_{\min}=0.1\text{ mm}$$

凸模：$d_{\mathrm{T}}=(d+\chi\Delta)_{-\delta_{\mathrm{T}}}^{0}$

尺寸 26 mm：$(26+0.5\times0.24)_{-0.007}^{0}=26.12_{-0.007}^{0}$（mm）

凹模 $d_{\mathrm{A}}=(d+\chi\Delta+Z_{\min})_{0}^{+\delta_{\mathrm{A}}}$

尺寸 26 mm：$(26+0.5\times0.24+0.1)_{0}^{+0.01}=26.22_{0}^{+0.01}$（mm）

尺寸 22 mm 不属于冲孔，也不属于落料类尺寸，可按冲裁件公差等级（查得约为 IT16 级）提高 3 级（即 IT13 级，公差为 0.33 mm）确定，即(22 ± 0.17) mm。

校检：尺寸 45 mm、44 mm：$0.01+0.007+0.1=0.117<0.13=Z_{\max}$

尺寸 10 mm：$0.006+0.008+0.1=0.114<0.13=Z_{\max}$

尺寸 120 mm：$0.01+0.015+0.1=0.125<0.13=Z_{\max}$

尺寸 26 mm：$0.01+0.007+0.1=0.117<0.13=Z_{\max}$

2. 凸模与凹模配作法

对于形状复杂或料薄的工件，为了保证凸、凹模间有一定的间隙，必须采用配合加工，也就是配作法。配作法就是先按设计尺寸制出一个基准件（凸模或凹模），然后根据基准件的实际尺寸再按最小合理间隙配制另一件，使它们之间保持一定的间隙。

配作法的特点是模具的间隙由配制保证，工艺比较简单，不必校核 $|\delta_{\mathrm{A}}|+|\delta_{\mathrm{T}}|\leqslant Z_{\max}-Z_{\min}$ 的条件。其公差不再受凸、凹模最小间隙大小的限制，在保证最小间隙大小的前提下，还可以适当放大基准件的制造公差，降低模具的加工难度和加工成本。

因此，目前生产中一般采用配作法。使用配作法计算基准件的刃口尺寸时要注意三点。

（1）根据磨损后轮廓变化的情况，正确判断出模具刃口磨损规律：磨损后是变大、变小，还是不变。

（2）根据尺寸类型，采用不同的计算公式。

①磨损后变大的尺寸，采用分开加工时的落料凹模尺寸计算公式。

②磨损后变小的尺寸，采用分开加工时的冲孔凸模尺寸计算公式。

③磨损后不变的尺寸，采用分开加工时的孔心距尺寸计算公式。

（3）刃口制造偏差可按工件相应部位公差值的 1/4 来选取。对于刃口尺寸磨损后无变化的制造偏差值可取工件相应部位公差值的 1/8 并冠以$(\pm)$。

例 3.4　图 3.19 所示落料件示意图，其中 $a=80_{-0.42}^{0}$ mm，$b=40_{-0.34}^{0}$ mm，$c=35_{-0.34}^{0}$ mm，$d=22_{-0.14}^{+0.14}$ mm，$e=15_{-0.12}^{0}$ mm，板材厚度 $t=1$ mm，材料为 10 号钢。

试计算冲裁件的凸模、凹模刃口尺寸及制造公差。

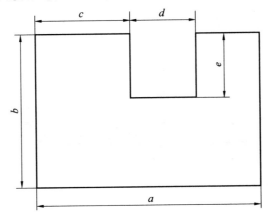

图 3.19　落料件示意图

解　该冲裁件属落料件,选凹模为设计基准件,只需要计算落料凹模刃口尺寸及制造公差,凸模刃口尺寸由凹模实际尺寸按间隙要求配作。

由表 3.3 查得:$Z_{min}=0.10$ mm,$Z_{max}=0.14$ mm。

由公差表查得:尺寸 80 mm,取 $\chi=0.5$;尺寸 15 mm,取 $\chi=1$;其余尺寸均取 $\chi=0.75$。

落料凹模的基本尺寸计算如下。

第一类尺寸即磨损后增大的尺寸:

$$a_A=(80-0.5\times0.42)^{+\frac{1}{4}\times0.42}_0=79.79^{+0.105}_0\,\text{mm}$$

$$b_A=(40-0.75\times0.34)^{+\frac{1}{4}\times0.34}_0=39.75^{+0.085}_0\,\text{mm}$$

$$c_A=(35-0.75\times0.34)^{+\frac{1}{4}\times0.34}_0=34.75^{+0.085}_0\,\text{mm}$$

第二类尺寸即磨损后减小的尺寸:

$$d_A=(22-0.14+0.75\times0.28)^{0}_{-\frac{1}{4}\times0.28}=22.07^{0}_{-0.070}\,\text{mm}$$

第三类尺寸即磨损后基本不变的尺寸:

$$e_A=(15-0.5\times0.12)\pm\frac{1}{8}\times0.12=14.94\pm0.015\,\text{mm}$$

落料凸模的基本尺寸与凹模相同,分别是 79.79 mm、39.75 mm、34.75 mm、22.07 mm、14.94 mm,不必标注公差,但要在技术条件中注明凸模实际刃口尺寸与落料凹模配制,保证最小双面合理间隙值 $Z_{min}=0.10$ mm。

落料凹、凸模的尺寸如图 3.20 所示。

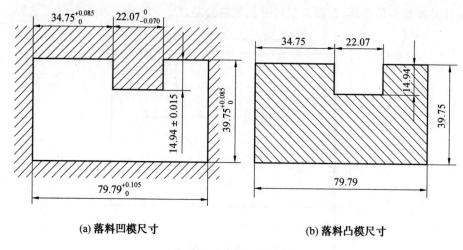

(a) 落料凹模尺寸　　　　　　　(b) 落料凸模尺寸

图 3.20　落料凹、凸模尺寸

3.6　冲裁排样设计

3.6.1　排样

　　冲裁件在板材或条料上的布置方式称为冲裁件的排样,简称排样。排样的目的在于减少材料的消耗,降低零件成本,提高生产率,延长模具寿命。因此,排样方案是模具结构设计的依据之一。

　　材料利用率是指冲裁件的实际面积与所用板材面积的百分比,它是衡量合理利用材料的经济性指标。一个步距内的材料利用率:

$$\eta = \frac{A}{bl} \times 100\% \tag{3.8}$$

式中　A——冲裁件面积(包括冲出的小孔在内),mm²;

　　　b——条料宽度,mm;

　　　l——步距,mm。

　　一张板材(或带料、条料)上总的材料利用率:

$$\eta_{总} = \frac{nA}{LB} \times 100\% \tag{3.9}$$

式中　n——一张板上冲件总数目;

　　　L——板材长度,mm;

　　　B——板材宽度,mm。

　　从上式可以看出,若能减少废料面积,则可提高材料利用率。冲裁产生的废料如图 3.21 所示,废料分为工艺废料和结构废料两种:搭边和余料属于工艺废料,这是与排样形式及冲压方式有关的废料;结构废料由工件的形状特点决定,一般不能改变。所以,只有设计合理的排样方案,减少工艺废料,才能提高材料利用率。

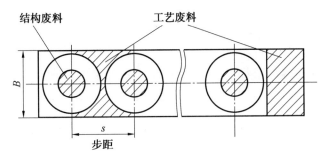

图 3.21　冲裁产生的废料

根据材料的合理利用情况,条料排样方法可分为三种。

(1)有废料排样,如图 3.22(a)所示。

(2)少废料排样,如图 3.22(b)所示,材料利用率可达到 70%～90%。

(3)无废料排样,如图 3.22(c)、(d)所示,只有料头、料尾的损失,其材料利用率高达 85%～95%。

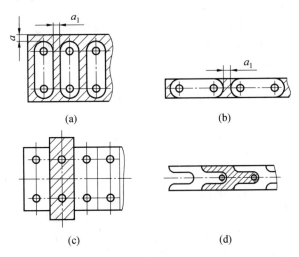

图 3.22　条料的排样方法

虽然采用少、无废料排样可以显著提高材料利用率,但也存在一些缺点,就是因为条料本身的公差以及条料导向与定位所产生的误差使工件的质量和精度较低。另外,由于采用单边剪切,断面质量及模具寿命也受到影响。

减少工艺废料的主要措施有以下三种。

（1）设计合理的排样方案。

（2）选择合适的板材规格和合理的裁板法以减少料头、料尾和边余料。

（3）利用废料制作小零件等。

利用结构废料的主要措施有如下两种。

（1）当材料和厚度相同时，在尺寸允许的情况下，较小尺寸的冲裁件可在较大尺寸冲裁件的废料中冲制出来。

（2）在使用条件许可时，也可以改变零件的结构形状，提高材料利用率。值得注意的是，一般零件形状不能轻易改变，要想说服用户改变零件的使用形状，必须对零件的使用情况有充分的调研，在不影响其使用功能和与相关零件装配的前提下，向用户提出修改意见，待用户同意修改后方能实施。

3.6.2　搭边

1. 搭边设计

排样时，冲裁件之间以及冲裁件与条料侧边之间留下的工艺废料称为搭边。搭边虽然降低了材料利用率，但是有时候是必不可少的。合理的搭边具有以下作用。

（1）补偿定位误差和剪板误差，确保冲出合格零件，防止由于条料的宽度误差、送料进距误差等原因产生冲裁废品。

（2）增加条料刚度，方便条料送进，提高劳动生产率。

（3）避免冲裁时毛刺被拉入冲裁模间隙划伤模具，提高模具寿命。

搭边值需要合理确定。搭边值过大，则材料利用率降低，增加零件成本，浪费材料。搭边值过小，在冲裁中会将材料拉断，使零件产生毛刺，严重时会将拉断的材料挤入凸模与凹模的间隙之中，损坏模具刃口，降低模具寿命。搭边值的大小与下列因素有关。

（1）材料的力学性能。硬度大的材料搭边值可选小一些，软材料、脆材料的搭边值要选大一些。

（2）材料厚度。材料越厚，搭边值越大。

（3）冲裁件的形状与尺寸。零件形状越复杂，圆角半径越小，搭边值越大。

（4）送料及挡料方式。用手工送料，有侧压装置的搭边值可小一些；用侧刃定距比用挡料销定距的搭边小一些。

（5）卸料方式。弹性卸料比刚性卸料的搭边值小一些。

搭边值一般是由经验确定，表3.6列出了冲裁普通低碳钢板材时的搭边值。对于其他材料，应将表中数值乘以表3.7列出的系数 C。

表 3.6　冲裁普通低碳钢板材时的搭边值

材料厚度 t /mm	圆形或圆角 $r>2t$		矩形件边长 $L<50$ mm		矩形件边长 $L\geqslant50$ mm 或圆角 $r\leqslant2t$	
	工件面 a_1	侧面 a	工件面 a_1	侧面 a	工件面 a_1	侧面 a
<0.25	1.8	2.0	2.2	2.5	2.8	3.0
$0.25\sim0.5$	1.2	1.5	1.8	2.0	2.2	2.5
$0.5\sim0.8$	1.0	1.2	1.5	1.8	1.8	2.0
$0.8\sim1.2$	0.8	1.0	1.2	1.5	1.5	1.8
$1.2\sim1.6$	1.0	1.2	1.5	1.8	1.8	2.0
$1.6\sim2.0$	1.2	1.5	1.8	2.5	2.0	2.2
$2.0\sim2.5$	1.5	1.8	2.0	2.2	2.2	2.5
$2.5\sim3.0$	1.8	2.2	2.2	2.5	2.5	2.8
$3.0\sim3.5$	2.2	2.5	2.5	2.8	2.8	3.2
$3.5\sim4.0$	2.5	2.8	2.5	3.2	3.2	3.5
$4.0\sim5.0$	3.0	3.5	3.5	4.0	4.0	4.5
$5.0\sim12$	$0.6t$	$0.7t$	$0.7t$	$0.8t$	$0.8t$	$0.9t$

表 3.7　系数 C

材料	中碳钢	高碳钢	硬黄铜	硬铝	软黄铜、紫铜	铝	非金属
C	0.9	0.8	$1\sim1.1$	$1\sim1.2$	1.2	$1.3\sim1.4$	$1.5\sim2$

2. 条料宽度的确定

排样方式和搭边值确定后,条料或带料的宽度及进距就可以确定了。

条料宽度的确定原则如下。

(1)最小条料宽度要保证冲裁时零件周边有足够的搭边值。

(2)最大条料宽度能在导料板间送进,并与导料板间有一定的间隙。

此外,在确定条料宽度的大小时还必须考虑模具的结构中是否采用侧压装置或侧刃定距,应分别进行计算。

①有侧压装置时,条料宽度与导料板间的距离如图 3.23(a)所示。

条料宽度:

$$B_{-\Delta}^{0}=(D+2a+\Delta)_{-\Delta}^{0} \tag{3.10}$$

导料板间距:

$$S=B+c_1=D+2a+\Delta+c_1 \tag{3.11}$$

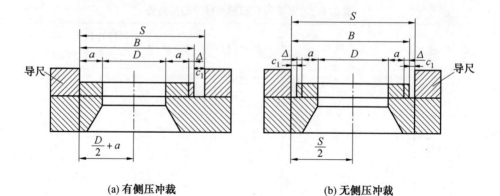

(a) 有侧压冲裁　　　　　　　　　(b) 无侧压冲裁

图 3.23　条料宽度的确定

②无侧压装置时,条料宽度与导料板间的距离如图 3.23(b)所示。

条料宽度:

$$B_{-\Delta}^{0}=(D+2a+2\Delta+c_1)_{-\Delta}^{0} \tag{3.12}$$

导料板间距:

$$S=B+c_1=D+2(a+\Delta+c_1) \tag{3.13}$$

式中　B——条料宽度,mm;

　　　D——工件垂直于送料方向的最大尺寸,mm;

　　　a——侧搭边,mm;

　　　Δ——条料宽度公差,mm,见表 3.8;

　　　c_1——条料与导料板间的间隙,见表 3.9。

表 3.8　条料宽度公差 Δ

条料宽度 B/mm	材料厚度 t/mm			
	<1	$1\sim2$	$2\sim3$	$3\sim5$
$\geqslant50$	0.4	0.5	0.7	0.9
$50\sim100$	0.5	0.6	0.8	1.0
$100\sim150$	0.6	0.7	0.9	1.1
$150\sim220$	0.7	0.8	1.0	1.2
$220\sim300$	0.8	0.9	1.1	1.3

表 3.9　条料与导料板间的间隙 c_1

条料厚度 t/mm	无侧压装置			有侧压装置	
	条料宽度 B/mm				
	$\leqslant 100$	$100\sim 200$	$200\sim 300$	$\leqslant 100$	>100
$\leqslant 1$	0.5	0.5	1	5	8
$1\sim 5$	0.5	1	1	5	8

③当模具采用侧刃定距时,条料宽度与导料板间的距离如图 3.24 所示。

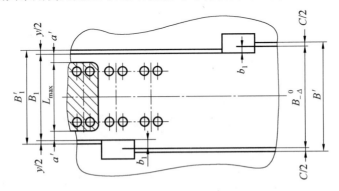

图 3.24　有侧刃的条料宽度

条料宽度:
$$B_{-\Delta}^{0}=(L_{\max}+2a'+nb_1)_{-\Delta}^{0}=(L_{\max}+1.5a+nb_1)_{-\Delta}^{0} \qquad (3.14)$$

导料板间距:
$$B'=B+C=L_{\max}+1.5a+nb_1+C \qquad (3.15)$$
$$B_1'=L_{\max}+1.5a+y \qquad (3.16)$$

式中　n——侧刃数;

　　　C——侧刃冲切的条边宽度,mm,见表 3.10;

　　　y——冲裁后的条料宽度与导尺间的单向间隙,mm,见表 3.10。

表 3.10　C、y 值

条料厚度 t/mm	C	y
$\geqslant 1.5$	1.5	0.1
$1.5\sim 2.5$	2.0	0.15
$2.5\sim 3$	2.5	0.2

最后形成排样图,如图 3.25 所示。一张完整的排样图应标注条料宽度尺寸

$B_{-\Delta}^{0}$、板材厚度 t、步距 s、工件间搭边 a_1 和侧搭边 a,以及用侧刃定距时侧刃的形状与位置,并习惯以剖面线表示冲压位置。排样图通常应绘制在冲压成形工艺规程的相应卡片上和冲裁模总装图的右上角。

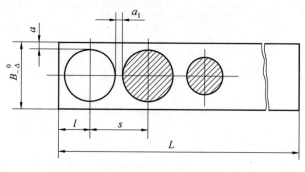

图 3.25 排样图

3.7 冲裁力和冲裁功的计算

3.7.1 冲裁力的计算

冲裁力是冲裁过程中凸模对板材施加的压力。冲裁力的大小是选择压力机吨位的依据,因此在模具设计过程中必须计算冲裁力的大小。

普通平刃口模具冲裁时,其冲裁力 F:

$$F = KLt\tau_{b} \qquad (3.17)$$

式中　F——冲裁力,N;

　　　L——冲裁周边长度,mm;

　　　t——材料厚度,mm;

　　　τ_b——材料抗剪强度,MPa;

　　　K——系数,考虑模具刃口的磨损、冲裁模间隙的波动、材料力学性能的变化,以及材料厚度偏差,一般取 $K=1.3$。

3.7.2 降低冲裁力的方法

在冲裁高强度材料或厚度大、周边长的工件时,所需冲裁力如果超过车间现有压力机吨位,就必须采取措施降低冲裁力。一般采用如下方法。

1. 阶梯凸模冲裁

阶梯形布置凸模如图 3.26 所示,将凸模做成不同长度,使其工作端面呈阶梯布置,各凸模的冲裁力最大值不同时出现,从而达到降低冲裁力的目的。特别是在几个凸模直径相差悬殊,彼此距离又很近的情况下,采用阶梯形布置还能避免小直径凸模由于承受材料流动的挤压力而产生折断或倾斜的现象(此时应将小凸模做短些)。

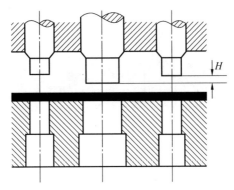

图 3.26 阶梯形布置凸模

阶梯凸模的设计要点如下。

(1)将小直径凸模做短。

(2)阶梯高度应大于冲裁断面的光亮带高度。

(3)冲裁力按产生最大冲裁力的那一层凸模来计算。

(4)对称布置。

2. 斜刃口模具冲裁

用普通的平刃口模具冲裁时,其整个刃口平面都同时接触板材,故在冲裁大型或厚板工件时,冲裁力往往很大。斜刃口冲裁模如图 3.27 所示,将凸模或凹模刃口平面与其轴线倾斜一个角度 φ 做成斜刃后,冲裁时就不是全部刃口同时冲裁,而是逐渐切入板材,这样就能减小剪切断面面积,从而降低冲裁力。

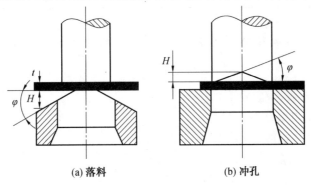

(a) 落料   (b) 冲孔

图 3.27 斜刃口冲裁模

斜刃口的形式如图 3.28 所示。为了使冲裁件平整,落料时凸模应做成平刃,凹模做成斜刃,如图 3.28(a)、(b)所示;冲孔时凹模做成平刃,凸模做成斜刃,如图 3.28(c)所示;冲裁弯曲状工件时,可采用有圆头的凸模,如图 3.28(d)所示;斜刃一般做成对称布置,以免冲裁时模具承受单向侧压力而发生偏移,啃伤刃口,如图 3.28(e)所示;向一边斜的斜刃只能用于切口折弯,如图 3.28(f)所示。斜刃口模具用于大型零件时,一般把斜刃布置成多个波峰的形式。

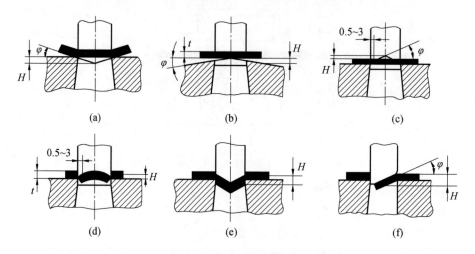

图 3.28　斜刃口的形式

斜刃主要参数的设计:斜刃角 φ 和斜刃高度 H 与材料厚度有关,按表 3.11 选用。平刃部分的宽度取 0.5～3 mm,如图 3.28 所示。

表 3.11　斜刃参数

材料厚度 t/mm	斜刃高度 H	斜刃角 φ
<3	$2t$	<5°
3～10	t	<8°

斜刃冲模的冲裁力(N)可用斜刃剪切公式近似计算:

$$F_{斜} = K \frac{0.5t^2\tau}{\tan\varphi} \tag{3.18}$$

式中　K——系数,一般取 1.3;

　　　φ——斜刃角,(°);

　　　τ——材料抗剪强度,MPa;

　　　t——材料厚度,mm。

斜刃冲裁力也可用下面简化公式计算:

$$F = K'Lt\tau \tag{3.19}$$

式中　　L——冲裁周长，mm；

　　　　K'——降低冲裁力系数。

当 $H=t$ 时，$K'=0.4\sim0.6$；当 $H=2t$ 时，$K'=0.2\sim0.4$。

斜刃冲模虽能降低冲裁力，但增加了模具制造和修磨的难度，刃口易磨损，零件不够平整，且不易冲裁外形复杂的零件。因此，一般只用于大型件冲裁及厚板冲裁。

3. 加热冲裁

板材在加热时，抗剪强度 τ_b 将明显下降，从而降低了总冲裁力。但材料加热后会产生氧化皮，且劳动条件差。此外，还应考虑条料不宜过长，搭边值应适当放大，以及设计模具时，刃口尺寸应考虑零件的热胀量，冲裁模间隙可适当减小，凸、凹模应选用热冲模具材料等。加热冲裁一般只适用于厚板或表面质量及精度要求不高的零件。

3.7.3　卸料力、推件力及顶件力的计算

冲裁的卸料力、推件力与顶件力如图 3.29 所示，冲裁件从板材切下以后，径向因弹性变形而扩张，板材上的孔则沿径向发生弹性收缩。同时，冲下的零件与余料还要力图恢复弹性穹弯。这两种弹性恢复的结果会使落料堵塞在凹模内，而冲裁后剩下的板材则箍紧在凸模上。从凸模上将零件或废料卸下来所需的力称为卸料力。

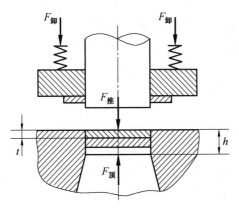

图 3.29　冲裁的卸料力、推件力与顶件力

从凹模内顺着冲裁方向把零件或废料从凹模腔顶出的力称为推件力。影响这些力的因素较多，主要有材料的机械性能、材料厚度、冲裁模间隙、零件形状尺寸以及润滑情况等。大间隙冲裁时，因板材所受拉深变形大，故冲裁后的弹性恢复使落料件比凹模孔小，而冲下的孔比凸模大，故使卸料力与推件力都有所降

低。所以,要准确地计算这些力是困难的,一般用下列经验公式计算:

$$F_卸 = K_卸 F \tag{3.20}$$

$$F_推 = K_推 F \tag{3.21}$$

$$F_顶 = K_顶 F \tag{3.22}$$

式中　F——冲裁力,N;

　　　　$K_卸$、$K_推$、$K_顶$——分别为卸料力、推件力、顶件力系数,见表 3.12。

表 3.12　卸料力、推件力、顶件力系数

料厚 t/mm		$K_卸$	$K_推$	$K_顶$
钢	≤0.1	0.065~0.075	0.1	0.14
	0.1~0.5	0.045~0.055	0.063	0.08
	0.5~2.5	0.04~0.05	0.055	0.06
	2.5~6.5	0.03~0.04	0.045	0.05
	>6.5	0.02~0.03	0.025	0.03
铝、铝合金		0.025~0.08	0.03~0.07	
紫铜、黄铜		0.02~0.06	0.03~0.09	

注:卸料力系数 $K_卸$ 在冲多孔、大搭边和轮廓复杂时取上限值。

在生产过程中,凹模洞口中会同时卡有几个工件,所以在计算推件力时应考虑被卡工件的数目。设 h 为凹模孔口直壁的高度,t 为材料厚度,则工件数:

$$n = h/t \tag{3.23}$$

冲裁时,所需冲压力为冲裁力、卸料力和推件力之和,在选择压力机时是否要考虑这些力,应根据不同的模具结构区别对待。压力机的公称压力必须大于或等于各种冲压成形工艺力的总和 $F_总$。

采用刚性卸料装置和下出料方式冲裁模的总冲压力为

$$F_总 = F_冲 + F_推 \tag{3.24}$$

采用弹性卸料装置和下出料方式的总冲压力为

$$F_总 = F_冲 + F_卸 + F_推 \tag{3.25}$$

采用弹性卸料装置和上出料方式冲裁模的总冲压力为

$$F_总 = F_冲 + F_卸 + F_顶 \tag{3.26}$$

3.8　冲裁的工艺设计

冲裁的工艺设计主要包括冲裁件的工艺分析和冲裁工艺方案的确定。如果工艺性较好,工艺方案合理,就可以降低材料消耗,减少工序数量和工时,使冲裁

件的质量好且稳定,并使模具结构简单,模具寿命高,因而可以减少劳动量和冲裁成本。

3.8.1　冲裁件的工艺性分析

冲裁件的工艺性是指冲裁件对冲裁工艺的适应性。冲裁工艺性好是指能用普通冲裁方法,在模具寿命和生产率较高、成本较低的条件下得到质量合格的冲裁件。一般情况下,对冲裁件工艺性影响较大的是工件的结构形状、精度要求、形位公差及技术要求等。冲裁件的工艺性合理与否,影响到冲裁件的质量、模具寿命、材料消耗、生产效率等,设计中应尽可能提高其工艺性。

1. 冲裁件的形状

冲裁件的形状应尽可能简单、对称,避免复杂形状的曲线,在许可的情况下,把冲裁件设计成少、无废料排样的形状以减少废料,冲裁件的形状如图 3.30 所示。矩形孔两端宜用圆弧连接,以利于模具加工。

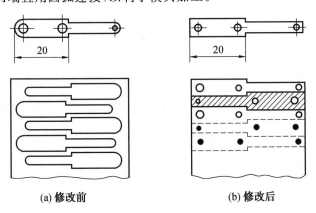

(a) 修改前　　　　　　　　　　(b) 修改后

图 3.30　冲裁件的形状

2. 冲裁件内形及外形的转角

冲裁件各直线或曲线的连接处应尽量避免锐角,严禁尖角。除在少、无废料排样或采用镶拼模结构时,都应有适当的圆角相连,冲裁件的交角和圆角如图 3.31所示,以利于模具制造和提高模具寿命,圆角半径 R 的最小值可参考表 3.13 选取。

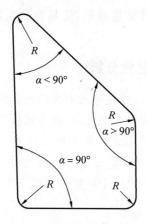

图 3.31　冲裁件的交角和圆角

表 3.13　冲裁件最小圆角半径 R

零件种类			黄铜、铝	合金钢	软钢
落料	交角	≥90°	0.18t	0.35t	0.25t
		<90°	0.35t	0.7t	0.5t
冲孔	交角	≥90°	0.2t	0.45t	0.3t
		<90°	0.4t	0.9t	0.6t

3. 冲裁件上凸出的悬臂和凹槽

　　冲裁件凸出或凹入部分不能太窄,尽可能避免过长的悬臂和凹槽,冲裁件凸出的悬臂与凹槽尺寸如图 3.32 所示。最小宽度 b 一般不小于 $1.5t$,当冲裁材料为高碳钢时, $b \geqslant 2t$, $L_{\max} \leqslant 5b$,当材料厚度 $t < 1$ mm 时,按 $t = 1$ mm 计算。

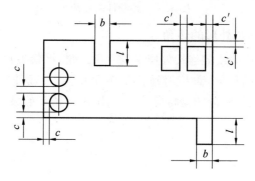

图 3.32　冲裁件凸出的悬臂与凹槽尺寸

4. 冲裁件的孔径与孔心距

冲裁件的孔径因受冲孔凸模强度和刚度的限制,不宜太小,否则容易折断或压弯,冲孔的最小尺寸取决于冲压材料的力学性能、凸模强度和模具结构。

冲孔件上孔与孔、孔与边缘之间的距离不宜过小,以避免工件变形、模壁过薄或因材料易被拉入凹模而影响模具寿命。一般孔边距:对圆孔,$a = (1 \sim 1.5)t$;对矩形孔,$a = (1.5 \sim 2)t$。

在弯曲件或拉深件上冲孔时,为避免凸模受水平推力而折断,孔壁与工件直壁之间应保证一定的距离,以便避开弯曲或拉深圆角区。

5. 冲裁件的尺寸精度和断面粗糙度

冲裁件的尺寸精度一般可分为精密级与经济级两类。对于普通冲裁件,其经济级精度不高于 IT11 级,一般要求落料件公差等级最好低于 IT10 级,冲孔件最好低于 IT9 级。冲裁件外形与内孔尺寸公差见表 3.14。如果工件精度高于上述要求,则需要在冲裁后整修或采用精密冲裁。冲裁件孔心距公差见表 3.15。

表 3.14　冲裁件外形与内孔尺寸公差　　　　　　　　　　　mm

材料厚度 /mm	普通冲裁模				高级冲裁模			
	零件尺寸/mm							
	<10	10~50	50~150	150~300	<10	10~50	50~150	150~300
0.2~0.5	$\dfrac{0.08}{0.05}$	$\dfrac{0.10}{0.08}$	$\dfrac{0.14}{0.12}$	0.20	$\dfrac{0.025}{0.02}$	$\dfrac{0.03}{0.04}$	$\dfrac{0.05}{0.08}$	0.08
0.5~1	$\dfrac{0.12}{0.05}$	$\dfrac{0.16}{0.08}$	$\dfrac{0.22}{0.12}$	0.30	$\dfrac{0.03}{0.02}$	$\dfrac{0.04}{0.04}$	$\dfrac{0.06}{0.08}$	0.10
1~2	$\dfrac{0.18}{0.06}$	$\dfrac{0.22}{0.10}$	$\dfrac{0.30}{0.16}$	0.50	$\dfrac{0.04}{0.03}$	$\dfrac{0.06}{0.06}$	$\dfrac{0.08}{0.10}$	0.12
2~4	$\dfrac{0.24}{0.08}$	$\dfrac{0.28}{0.12}$	$\dfrac{0.40}{0.20}$	0.70	$\dfrac{0.06}{0.04}$	$\dfrac{0.08}{0.08}$	$\dfrac{0.10}{0.12}$	0.15
4~6	$\dfrac{0.30}{0.10}$	$\dfrac{0.35}{0.15}$	$\dfrac{0.50}{0.25}$	1.00	$\dfrac{0.10}{0.06}$	$\dfrac{0.12}{0.10}$	$\dfrac{0.15}{0.15}$	0.20

注:1. 表中分子为外形的公差值,分母为内孔的公差值。

　　2. 普通冲裁模是指模具工作部分、导向部分零件按 IT7~IT8 级制造,高级冲裁模按 IT5~IT6 级精度制造。

表 3.15　　冲裁件孔心距公差　　　　　　　　　　　mm

材料厚度 /mm	普通冲裁模			高级冲裁模		
	孔心距基本尺寸/mm					
	<50	50~150	150~300	<50	50~150	150~300
<1	±0.10	±0.15	±0.20	±0.03	±0.05	±0.08
1~2	±0.12	±0.20	±0.30	±0.04	±0.06	±0.10
2~4	±0.15	±0.25	±0.35	±0.06	±0.08	±0.12
4~6	±0.20	±0.30	±0.40	±0.08	±0.10	±0.15

冲裁件的断面粗糙度与材料塑性、材料厚度、冲裁模间隙、刃口锐钝及冲模结构等有关。当冲裁厚度为 2 mm 以下的金属板材时,其断面粗糙度 Ra 一般可达 $3.2 \sim 12.5 \ \mu m$。冲裁件断面的近似表面粗糙度和允许的毛刺高度见表 3.16 和表 3.17。

表 3.16　　冲裁件断面的近似表面粗糙度

材料厚度 t/mm	≤1	1~2	2~3	3~4	4~5
粗糙度 Ra/μm	6.3	12.5	25	50	100

表 3.17　　冲裁件断面允许的毛刺高度　　　　　　　　mm

冲裁材料厚度	≤0.3	0.3~0.5	0.5~1.0	1.0~1.5	1.5~2.0
新模试冲时允许的毛刺高度	≤0.015	≤0.02	≤0.03	≤0.04	≤0.05
生产时允许的毛刺高度	≤0.05	≤0.08	≤0.10	≤0.13	≤0.15

6. 冲裁件尺寸标注

冲裁件的尺寸基准应尽可能和制模时的定位基准重合,并选择在冲裁过程中基本上不变动的面或线上,以避免产生基准不重合误差,冲裁件的尺寸标注如图 3.33 所示。原设计尺寸的标注(图 3.33(a))不合理,因为这样标注,尺寸 B、C 必须考虑模具的磨损而相应给以较宽的公差,从而造成孔心距的不稳定,孔心距公差会随着模具的磨损而增大。改用图 3.33(b)的标注,两孔的孔心距不受模具磨损的影响,比较合理。

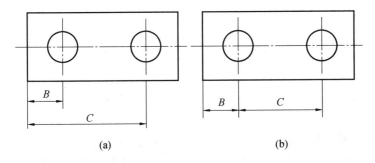

图 3.33　冲裁件的尺寸标注

3.8.2　冲裁工艺方案的确定

冲裁工艺方案确定是在对冲压件的工艺性分析之后应进行的重要环节。确定工艺方案主要包括确定工序数、工序的组合和工序顺序的安排等。冲裁工艺方案的确定要考虑多方面的因素,例如:工件的批量、形状、精度、尺寸大小等。有时还要进行必要的工艺计算,因此,实际中通常提出几种可能的方案,再根据多方面的因素全面考虑、综合分析,选取一个较为合理的冲裁工艺方案。

1. 冲裁工序的组合

冲裁工序的组合主要与冲裁件的生产批量、尺寸精度、形状复杂程度、模具成本以及零件的几何复杂程度、孔心距、孔的位置和孔的数量等有关。形状简单的零件采用单工序冲裁(一次落料或冲孔工序);形状复杂的零件常将内、外轮廓分成几个部分,用复合冲裁或者用几副模具组成的级进模冲裁,因而工序数量由孔心距、孔的位置和孔的数量多少来决定。

单工序冲裁是在压力机的一次行程中,一副模具中只能完成一道冲裁工序;复合冲裁是在压力机的一次行程中,在模具的同一位置同时完成两个或两个以上的工序;级进冲裁是把一个冲裁件的几个工序排列成一定的顺序,组成级进模,在压力机的一次行程中,在模具的不同位置同时完成两个或两个以上的工序,除最初的几次冲程外,每次冲程都可完成一个冲裁件。

(1)生产批量。

由于模具费用在工件成本中占有一定的比例,所以冲裁件的生产批量在很大程度上决定了冲裁工序的组合程度,即决定所用的模具结构。一般来说,新产品试制与小批量生产时,模具结构简单,力求制造快、成本低,采用单工序冲裁;对于中批和大批量生产,模具结构力求完善,要求金属冲压成形工艺与模具设计效率高、寿命长,采用复合冲裁或级进冲裁。

(2)冲裁件尺寸精度。

单工序冲裁因存在多次工序误差的积累,其工件精度较低。复合冲裁因避免了多次冲裁的定位误差,并且在冲裁过程中可以进行压料,工件较平整、不翘曲,因此所得工件公差等级较高,内外形同轴度一般可达 $\phi0.02\sim0.04$。级进冲裁所得工件的尺寸公差等级较复合冲裁低,工件不够平整,有拱弯。

(3)对工件尺寸、形状的适应性。

冲裁件的尺寸较小时,考虑到单工序送料不方便且生产效率低,常采用复合冲裁或级进冲裁。对于尺寸中等的冲裁件,由于制造多副单工序模具的费用比复合模贵,因此采用复合冲裁。当冲裁件上的孔与孔之间或孔与边缘之间的距离过小,不宜采用复合冲裁或单工序冲裁时,应采用级进冲裁。所以,级进冲裁可以加工形状复杂、宽度很小的异形冲裁件,且可冲裁的材料厚度比复合冲裁时要大,但级进冲裁受压力机工作台面尺寸与工序数的限制,冲裁件尺寸不宜太大,冲裁工件一般为中、小型件。为提高生产效率与材料利用率,常采用多排冲压,而复合冲裁则很少采用。

(4)模具制造、安装和调整成本。

对复杂形状的工件,采用复合冲裁与连续冲裁相比,模具制造以及安装调整较容易,成本较低。尺寸中等的工件由于制造多副单工序模的费用比复合模昂贵,也宜采用复合冲裁。对形状简单,精度不高的零件采用级进冲裁,其模具结构比复合模简单,易于制造。

(5)操作方便与安全。

复合冲裁出件或清除废料较困难,安全性较差,而级进冲裁较安全。

2. 冲裁顺序的安排

级进冲裁和多工序冲裁时的工序顺序安排可参考以下原则。

(1)级进冲裁的顺序安排。

①先冲孔(缺口或工件的结构废料),然后落料或切断,将工件与条料分离。冲出的孔一般用作后续工序定位。若定位要求较高,则要冲出定位用的工艺孔。

②采用侧刃定距时,侧刃切边工序一般安排在前,与首次冲孔同时进行,以便控制送料进距。采用两个定距侧刃时,也可安排成一前一后。

③套料级进冲裁时,按由里向外的顺序先冲内轮廓,后冲外轮廓。

(2)多工序工件用单工序冲裁时的顺序安排。

①先落料使毛坯与条料分离,然后以外轮廓定位进行其他冲裁。后续各冲裁工序的定位基准要一致,以避免定位误差和尺寸链换算。

②冲裁大小不同、相距较近的孔时,为减少孔的变形,应先冲大孔,后冲小孔。

3.9　精密冲裁

普通冲裁所得工件尺寸精度在 IT11 级以下,切断面表面粗糙度 Ra 值为 $6.3 \sim 12.5\ \mu m$,且有锥度。对于一些要求光洁和尺寸精度要求较高的零件或要求剪切断面与工件表面垂直的零件,一般冲裁方法达不到要求,需要采用整修工序,或者采取措施延长冲裁过程中塑性变形阶段,推迟裂纹的产生,以便提高光亮带高度,改善切断面质量。光洁冲裁、负间隙冲裁、齿圈压板冲裁等均属于此类。

3.9.1　齿圈压板冲裁(精冲法)

采用齿圈压板冲裁可以获得断面的表面粗糙度 Ra 值为 $0.2 \sim 1.6\ \mu m$,尺寸精度为 IT6～IT9 级的零件(内孔比外形高一级),而且还可把精冲工序与其他成形工序(如弯曲挤压、压印等)合在一起进行复合或连续冲裁,是提高冲裁件质量、生产率和降低生产成本的有效方法。

3.9.2　半精冲

半精冲主要包括以下三种冲裁方式。

(1)小间隙圆角刃口冲裁(光洁冲裁)。

小间隙圆角刃口冲裁又称为光洁冲裁。与普通冲裁相比,其特点是采用了小圆角刃口和很小的冲模间隙。落料时,凹模刃口有小的圆角或椭圆角,凸模为普通形式。冲孔时凸模刃口有圆角,而凹模为普通形式。凸、凹模双面间隙小于 $0.01\ mm$,这是因为当存在间隙时,即使刃口有圆角,也会产生拉深力而得到断裂带,所以希望间隙尽可能地小,一般在 $0.02\ mm$ 以下。由于凹模刃口为圆角,加之采用极小间隙,故提高了切割区的静水压应力,减少了拉应力,加之圆角刃口还可减小应力集中,因此,消除或延缓了裂纹的产生,塑性剪切使断面形成光亮的切断面。

(2)负间隙冲裁(挤压冲裁)。

负间隙冲裁的凸模尺寸大于凹模尺寸,冲裁过程中出现的裂纹方向与普通冲裁相反,形成倒锥形毛坯。凸模继续下压时将倒锥毛坯压入凹模内,相当于整修过程。所以,负间隙冲裁实际上是落料与整修的复合工序。由于凸模尺寸大于凹模,故冲裁完毕时,凸模不进入凹模内孔,而应与凹模表面保持 $0.1 \sim 0.2\ mm$ 的距离。此时毛坯尚未全部压入凹模,要待下一个零件冲裁时,再将它全部压入。

(3)往复冲裁。

往复冲裁又称上、下冲裁,是用两个凸模从上、下两个方向进行两次冲裁工作,使冲裁断面的上、下两个拐角处形成塌角,以防止毛刺的产生,因此,往复冲裁的切削面光洁、尺寸精度高、塌角小、垂直度好。

3.10　冲裁与智能化

3.10.1　冲裁模具的智能 CAD/CAM 系统

随着冲裁件在电子、机械及日常用品中的广泛应用,对冲裁模具设计和制造的要求也越来越高,传统的手工设计与制造方式早已满足不了生产发展的需要,如何提高模具设计质量、缩短设计周期是当前冲裁行业面临的重要任务,因此,开展基于模具设计的自动化、智能化研究无疑是解决当前模具设计投入成本高、设计效率低等诸多问题的必经之路。

在分析冲裁模具的设计特点和设计流程的基础上,基于 Pro/E 平台及其二次开发工具,结合 C++、Access,开发了基于 Pro/E 的智能化冲裁模具系统(IS-DCAD)。该系统主要包括知识型数据库、冲裁模具尺寸计算、模具模架设计、模架零部件设计、标准模架库等五大功能模块。其中,知识型数据库包含了模具设计过程中所需的如材料、压力机、设计参数等数据以及由模具设计规则、设计经验等构成的知识库;冲裁模具尺寸计算集成了设计中常用的相关模具计算;模具模架设计方便快捷地实现了工程模具模架的设计和装配,包括导套、导柱、上下模板,并最终建立其模型;模架零部件设计综合了大量模具设计中所需要的各种可参数化驱动的零部件,使设计人员在这一环节能够节省大量的时间和精力;标准模架库实现了自动化创建常用的各种标准模架,按照设计需求,选取相应的尺寸即可自动生成所选模架。

3.10.2　智能冲裁系统

东华大学以图 3.34 所示的工业冲压机器人为基础,开发研究了一种三自由度视觉伺服冲裁上料机器人 Stamping Robot 2009(简称 SR09),对机器人及视觉伺服控制系统的相关技术进行研究。研究主要包括与控制设计相关的机器人系统结构分析、概念设计、机器人运动规划控制、运动学动力学建模等。

此外,南京航空航天大学针对具有不规则形状的二维冲裁件的排样问题进行了深入研究,主要研究内容包括分析了排样研究的背景以及国内外的研究现状,对现有二维零件排样常用算法进行了研究比较,提出一种基于遗传的碰撞算

图 3.34　工业冲压机器人

法,即在碰撞算法的基础上加入遗传算法,通过求解得到二维零件排样的最优位置和摆放角度,实现二维冲裁件的最优化排样。

习　题

3.1　简述冲裁变形规律及冲裁件质量的影响因素。

3.2　简述间隙对冲裁件质量的影响。

3.3　冲裁变形过程分为哪三个阶段?裂纹在哪个阶段产生?首先在什么位置产生?

3.4　什么是搭边?其作用和影响因素有哪些?

3.5　精密冲裁的工艺有哪些?各有什么特点?

第4章 弯曲工艺

将板材毛坯、棒料、管材和型材弯成具有一定曲率、一定角度和形状的冲压成形工序称为弯曲。航空航天工业中,存在大量的弯曲结构件,弯曲工艺的优劣直接影响弯曲结构件的质量好坏。

4.1 弯曲的定义

弯曲即不直,当工件受到与轴线垂直的外力或在轴线平面内的力偶作用时,工件的轴线由原来的直线变成曲线,这种变形称为弯曲变形。在冲压成形工艺中,弯曲是指将金属坯料弯成一定角度或形状的过程,是冲压生产中应用较为广泛的一种成形工艺。这些坯料可以是板材、带材、条材、管材、棒材和型材等,在生产中弯曲件的形状很多,如 V 形件、U 形件、帽形件、圆弧形件等,如图 4.1 所示。

图 4.1 常见弯曲件

弯曲的方法很多,有压弯、折弯、滚弯、拉弯等,所用的设备也很多,有压弯机及折弯机、滚弯机(卷板机)、拉弯机等专用弯曲设备。弯曲方法示意图如图 4.2 所示,其中最常见的是压弯。

弯曲成形既可以用于生产大型结构件,如飞机机翼、汽车大梁、锅炉炉体等,也可以用于小型机器及电子仪器仪表零件的加工,如铰链、电子元器件等。这些

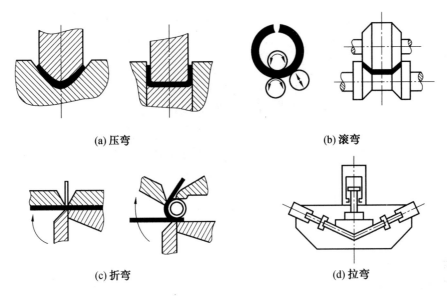

(a) 压弯　　　　　　　　　　　　　(b) 滚弯

(c) 折弯　　　　　　　　　　　　　(d) 拉弯

图 4.2　弯曲方法示意图

产品的共同特点是都有一定的弯曲角度。另外，很多工件上既有弯曲，也有孔洞，在加工过程中应该先冲孔，还是先弯曲？如何判断并制定加工的先后顺序呢？

4.2　弯曲工艺在航空航天制造中的重要性

弯曲工艺在航空航天飞机工业的很多工件上得以广泛应用。弯曲成形常用于飞机框肋上的缘条、机身前后段、发动机短舱等组成飞机骨架关键零件的弯曲加工，其弯曲成形精度直接影响到飞机的气动力外形。而一些变曲率的零件，Z形、L形、T形、U形或其他异形截面的型材弯曲件，一般通过弯曲机进行弯制加工成形。

对于大型飞机来说，蒙皮类零件占飞机钣金件的 17%～20%，如飞机的机身蒙皮、机翼蒙皮、前缘蒙皮、发动机舱内外蒙皮、起落架蒙皮、尾翼蒙皮、舱门蒙皮、应急舱门蒙皮和口盖等；蒙皮类零件的成形主要应用了蒙皮拉弯成形技术、蒙皮滚弯成形技术和压弯成形技术。

利用滚弯工艺可以成形飞机机身蒙皮、机翼蒙皮、副油箱外蒙皮等单曲度零件以及火箭直线段壳体等，蒙皮滚弯机（又称对称三轴滚）是用于制造钣金滚弯件的专用设备；图 4.3 为利用滚弯和压弯工艺成形的机翼前缘蒙皮，该蒙皮前缘半径较小，上下翼面弯曲半径较大，因此先用滚弯成形出上下翼面弧度，再用压

图 4.3　飞机蒙皮

弯工艺成形出前缘弯曲部分。

　　飞机中含有大量的导管类零件,按功能可分为结构管子(如发动机架、起落架支架)、系统导管(如液压、燃油、冷气管道等)、超薄壁管(如通风、暖气、排气管道等)和操纵拉杆的管子,它们的外形有直管、比较规则的平面弯管和又弯又扭的空间弯管,这些零件的成形方法有弯管、扩口、缩口、旋压翻边、管端波纹成形等。图 4.4 所示为采用弯管等工艺成形的飞机管子类零件。

图 4.4　飞机管子类零件

　　型材类零件在飞机上所占的比例也非常大,其多用作机体的长桁、梁和框,以及加强件的凸缘等。型材类零件可分为梁缘、长桁、框缘条、加强支柱、复杂形状的型材件和接头、角片等,其成形方法主要有压弯、滚弯、拉弯等。

　　如采用压弯工艺成形一些外形尺寸和曲率半径都较小的零件,或者是外形尺寸虽然较大,但只是局部弯曲的零件以及一些大截面异形型材类零件;采用一次拉弯工艺成形一些曲率半径较大、型材剖面惯性矩较小的中小型型材类零件,采用二次拉弯工艺成形截面惯性矩较大、变形程度较大的大中型型材类零件;采用滚弯工艺成形飞机机身结构框、进气道隔框、加强缘条、火箭结构框等,四轴辊是型材滚弯成形的专用设备,对于一般直型材零件的斜角可采用斜角模冲压而成。图 4.5 所示为飞机上典型的滚弯型材类零件——行李架。

图 4.5　飞机滚弯型材类零件

4.3　弯曲变形分析

4.3.1　弯曲变形过程

前一节已经讲过,弯曲是把金属坯料弯成一定角度或形状的过程,属于冲压生产中的成形工序。飞机中就有许多弯曲而成的构件,比如整体壁板等,下面就以 V 形件的弯曲为例简述其弯曲变形过程。

V 形件弯曲变形过程如图 4.6 所示,在弯曲的开始阶段,弯曲圆角半径很大,弯曲力矩很小,仅引起材料的弹性变形。随着凸模进入凹模深度的增大,凹模与板材的接触位置发生变化,弯曲力臂 l 逐渐减小,即 $l_k < l_3 < l_2 < l_1$。同时,弯曲圆角半径也随之逐渐减小,即 $r < r_3 < r_2 < r_1$。当弯曲圆角半径减小到一定值时,毛坯变形区内外表面首先开始出现塑性变形,并逐渐向毛坯内部扩展,变形由弹性弯曲过渡到弹-塑性弯曲。在此变形过程中,促使材料塑性变形的弯曲力矩是逐渐增大的。由于弯曲力臂逐渐减小,因此弯曲力处于不断上升的趋势。凸模继续下行,板材与凸模 V 形斜面接触后被后向弯曲,再与凹模斜面逐渐靠紧,弯曲力矩继续增加;当凸模到达下止点时,毛坯被紧紧地压在凸模和凹模之间,使毛坯内侧弯曲半径与凸模的弯曲半径吻合,完成弯曲过程,变形由弹-塑性弯曲过渡到塑性弯曲。

弯曲分为自由弯曲和校正弯曲两大类。自由弯曲是指当弯曲过程结束,凸模、凹模、毛坯三者相吻合后,凸模不再下压的弯曲工序,回弹量较大,其特点是毛坯与模具线接触。校正弯曲是指当弯曲过程结束,凸模、凹模、毛坯三者相吻合后,凸模继续下压,产生刚性墩压,使毛坯产生进一步的塑性变形,从而对弯曲件的弯曲变形部分进行校正的弯曲工序,其特点是毛坯与模具面接触。由于校

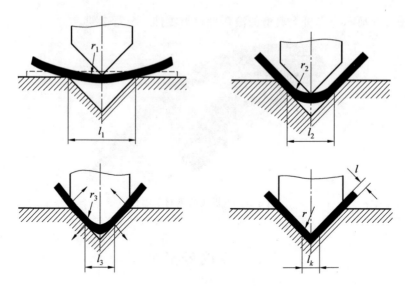

图 4.6 V 形件弯曲变形过程

正弯曲增强了弯曲变形部分的塑性变形成分,因而回弹量较小。

当凸模上行后,将工件从凹模中取出,由于弹性变形的存在,工件的弯曲半径和弯曲角度并不与凸模保持一致,工件发生了回弹变形,这个阶段称为弯曲的回弹阶段。

研究材料的变形,常采用网格法。弯曲变形分析如图 4.7 所示,在弯曲前,先在毛坯侧面用机械刻线或照相腐蚀的方法画出网格,弯曲后可根据坐标网格的变化情况来分析弯曲变形时毛坯的变形特点和受力情况。由图 4.7(a) 可以看出,弯曲前,材料侧面线条均为直线,组成大小一致的正方形小格,纵向网格线长度 $aa = bb$。弯曲后,通过观察网格形状的变化,可以看出弯曲变形具有以下特点。

(1)弯曲变形主要发生在弯曲带中心角 α 范围内,中心角以外基本不变形。如图 4.7(b) 所示,可以观察到位于弯曲圆角部分的网格发生了显著的变化,由原来的正方形网格变成了扇形。靠近圆角部分的直边有少量变形,而其余直边部分的网格仍保持原状,没有变形。

(2)在变形区内,从网格变形情况看,板材在长、厚、宽三个方向上都产生了变形。

①长度方向。板材内侧(靠近凸模一侧)的纵向网格线长度缩短,越靠近内侧越短。比较弯曲前后相应位置的网格线长度,可以看出圆弧为最短,远小于弯曲前的直线长度,说明内侧材料受压缩。而板材外侧(靠近凹模一侧)的纵向网格线长度伸长,越靠近外侧越长。最外侧的圆弧长度为最长,明显大于弯曲前的直线长度,说明外侧材料受到拉伸。在伸长和缩短两个变形区域之间,必定有一

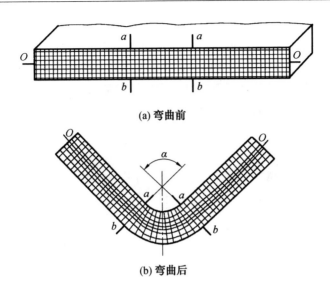

(a) 弯曲前

(b) 弯曲后

图 4.7　弯曲变形分析

层金属纤维材料的长度在弯曲前后保持不变,这一金属层称为应变中性层(图 4.7 中的 O—O 层)。

　　②厚度方向。当弯曲变形程度较大时,变形区外侧材料受拉伸长,使得厚度方向上的材料减薄;变形区内侧材料受压,使得厚度方向上的材料增厚。由于应变中性层位置的内移,外侧的减薄区域随之扩大,内侧的增厚区域逐渐缩小,外侧的减薄量大于内侧的增厚量,因此材料厚度在弯曲变形区内有变薄现象。变形程度越大,变薄现象越严重。变薄后的厚度:

$$t' = \eta t \tag{4.1}$$

式中　t'——坯料变薄后的厚度;

　　　　t——坯料变薄前的厚度;

　　　　η——变薄系数,根据实验测定,其值总是小于 1。

　　③宽度方向。内层材料受压缩,宽度应增加。外层材料受拉伸,宽度将减小。因而,板材的相对宽度 b/t(b 是板材的宽度,t 是板材的厚度)对弯曲变形区的材料变形有很大影响。一般将相对宽度 $b/t > 3$ 的板材称为宽板,相对宽度 $b/t \leqslant 3$ 的板材称为窄板。

　　当窄板弯曲时,宽度方向上的变形不受约束。由于弯曲变形区外侧材料受拉引起板材在宽度方向上收缩,内侧材料受压引起板材在宽度方向上增厚,其横截面形状变成了外窄内宽的扇形(图 4.8(a))。变形区横截面形状尺寸所发生的改变称为畸变。

　　当宽板弯曲时,宽度方向上的变形会受到相邻部分材料的制约,材料不易流动,因此其横截面形状变化较小,仅在两端会出现少量变形(图 4.8(b))。由于相对于宽度尺寸而言数值较小,横截面形状基本保持为矩形。虽然宽板弯曲仅存在少量畸变,但是在某些弯曲件生产场合,如铰链加工制造,需要两个宽板弯曲件的配合时,这种畸变可能会影响产品的质量。当弯曲件质量要求高时,上述畸变可以采取在变形部位预做圆弧切口的方法加以防止。

　　对于一般的板材弯曲来说,大部分属于宽板弯曲。

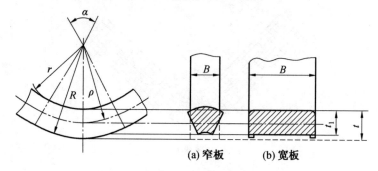

图 4.8　弯曲变形区的横截面变化情况

4.3.2　弯曲变形时应力、应变状态分析

　　由于板材的相对宽度 b/t 直接影响板材沿宽度方向的应变,进而影响应力。因而,随着 b/t 的不同,板材具有不同的应力、应变状态。

　　1. 应变状态

　　(1)切向外侧为拉伸应变,内侧为压缩应变。切向应变为最大主应变,其拉伸应变为正,压缩应变为负。

　　(2)径向根据塑性变形体积不变的条件可知,沿着板材的宽度和径向,必然产生与 ε_θ 相反的应变。在板材的外侧,切向主应变 ε_θ 为拉应变,所以径向的 ε_ρ 为压应变;在板材的内侧,切向主应变 ε_θ 为压应变,所以径向的 ε_ρ 为拉应变。

　　(3)宽度方向分两种情况。弯曲窄板($b/t \leqslant 3$)时,材料在宽度方向可以自由变形,故外侧应为和切向主应变 ε_θ 符号相反的压应变,内侧为拉应变;弯曲宽板($b/t > 3$)时,沿宽度方向,材料之间的变形相互制约,材料的流动受阻,故外侧和内侧沿宽度方向的应变 ε_b 近似为零。

　　2. 应力状态

　　(1)切向外侧受拉应力,内侧受压应力,其应力 σ_θ 为绝对值最大的主应力。

　　(2)径向在弯曲过程中,材料有挤向曲率中心的倾向。越靠近板材外表面,其切向拉应力 σ_θ 越大,材料挤向曲率中心的倾向越大。这种不同步的材料转移,使板材在径向产生了压应变 ε_ρ。在板材的内侧,板厚方向受到外侧材料向曲率中心移近所产生的阻碍,也产生了压应力 σ_ρ。

(3)宽度方向分两种情况。弯曲窄板($b/t\leqslant 3$)时,由于材料在宽度方向的变形不受限制,因此,其内侧和外侧的应力均为零;弯曲宽板($b/t>3$)时,外侧材料在宽度方向的收缩受阻,产生拉应力 σ_b,内侧材料在宽度方向拉伸受阻,产生压应力 σ_p。板材在弯曲过程中的应力、应变见表 4.1 和表 4.2。从图 4.8 中可以看出,就应力而言,宽板弯曲是立体的,窄板弯曲则是平面的;对应变而言,窄板弯曲是立体的,宽板弯曲则是平面的。

表 4.1 窄板弯曲变形应力、应变

内层		外层	
$\sigma_\theta<0$(主)	$\varepsilon_\theta<0$(主)	$\sigma_\theta>0$(主)	$\varepsilon_\theta>0$(主)
$\sigma_p<0$	$\varepsilon_p>0$	$\sigma_p<0$	$\varepsilon_p<0$
$\sigma_b=0$	$\varepsilon_b>0$	$\sigma_b=0$	$\varepsilon_b<0$

表 4.2 宽板弯曲变形应力、应变

内层		外层	
$\sigma_\theta<0$(主)	$\varepsilon_\theta<0$(主)	$\sigma_\theta>0$(主)	$\varepsilon_\theta>0$(主)
$\sigma_p<0$	$\varepsilon_p>0$	$\sigma_p<0$	$\varepsilon_p<0$
$\sigma_b<0$	$\varepsilon_b=0$	$\sigma_b>0$	$\varepsilon_b=0$

4.4 弯曲回弹

常温下的塑性弯曲和其他塑性变形一样,在外力作用下所产生的总变形由塑性变形和弹性变形两部分组成。当弯曲结束,外力去除后,塑性变形留存下来,而弹性变形则完全消失,弯曲变形区外侧因弹性恢复而缩短,内侧因弹性恢复而伸长,产生了弯曲件的弯曲角度和弯曲半径与模具相应尺寸不一致的现象,这种现象称为弯曲回弹(简称回弹),如图 4.9 所示。

在弯曲加载过程中,板材变形区内侧与外侧的应力应变性质相反,卸载时内侧与外侧的回弹变形性质也相反,而回弹的方向都是反向于弯曲变形方向的。另外,纵观整个坯料,不变形区所占的比例比变形区大得多,大面积不变形区的惯性影响会加大变形区的回弹,这是弯曲回弹比其他成形工艺回弹严重的另一个原因,它们对弯曲件的形状和尺寸变化影响十分显著,使弯曲件的几何精度受到损害。

弯曲件的回弹现象通常表现为两种形式:一是弯曲半径的改变,由回弹前弯

曲半径 r_t 变为回弹后的 r；二是弯曲角的改变，由回弹前弯曲中心角 α_t（凸模的中心角）变为回弹后的工件实际中心角 α，如图 4.9 所示。回弹值的确定主要考虑这两个因素。若弯曲中心角 α 的两侧有直边，则应同时保证两侧直边之间的夹角 θ（称为弯曲角）的精度，如图 4.10 所示，弯曲角 θ 与弯曲中心角 α 之间的换算关系为

$$\theta = 180° - \alpha \tag{4.2}$$

注意两者之间呈反比关系。

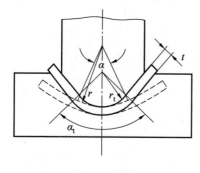

图 4.9　回弹

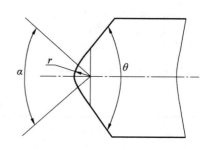

图 4.10　弯曲角 θ 与弯曲中心角 α

4.4.1　影响回弹的主要因素

1. 材料的力学性能

由金属变形的特点可知，卸载时弹性恢复的应变量与材料的屈服强度成正比，与弹性模量成反比，即材料的屈服强度 σ_s 越高，弹性模量 E 越小，弯曲变形的回弹也越大。因为材料的屈服强度 σ_s 越高，材料在一定的变形程度下，其变形区截面内的应力也越大，因而引起更大的弹性变形，所以回弹值也大。而弹性模量 E 越大，则抵抗弹性变形的能力越强，所以回弹值越小。

如图 4.11(a) 所示的两种材料，屈服强度基本相同，但弹性模量不同（$E_1 > E_2$），在弯曲变形程度相同的条件下（r/t 相同），退火软钢在卸载时的弹性恢复变形小于软锰黄铜，即 $\varepsilon_1' < \varepsilon_2'$。又如图 4.11(b) 所示的两种材料，其弹性模量基本相同，而屈服强度则不同。在弯曲变形程度相同的条件下，经冷变形硬化而屈服强度较高的软钢在卸载时的弹性恢复变形大于屈服强度较低的退火软钢，即 $\varepsilon_3' < \varepsilon_4'$。

2. 相对弯曲半径 r/t

相对弯曲半径 r/t 越小，则回弹值越小。因为相对弯曲半径 r/t 越小，变形程度越大，变形区总的切向变形程度增大，塑性变形在总变形中所占的比例增

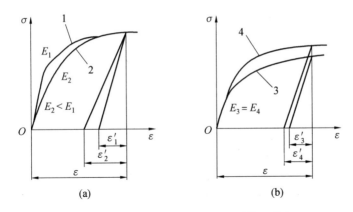

图 4.11　材料的力学性能对回弹值的影响

1、3—退火软钢；2—软锰黄铜；4—经冷变形硬化的软钢

大,而相应弹性变形的比例则减小,从而回弹值减小。反之,相对弯曲半径 r/t 越大,则回弹值越大。这就是曲率半径很大的工件不易弯曲成形的原因。

3. 弯曲中心角 α

弯曲中心角 α 越大,表示变形区的长度越大,回弹累积值越大,故回弹角越大,但对曲率半径的回弹没有影响。

4. 冲裁模间隙

弯曲模具的间隙越大,回弹也越大,所以板材厚度允差(允许公差)越大,回弹值越不稳定。在弯曲 U 形件时,凸、凹模之间的间隙对回弹有较大的影响。

5. 弯曲件形状

U 形件的回弹由于两边互受牵制而小于 V 形件。形状复杂的弯曲件一次弯成时,各部分相互牵制,以及弯曲件表面与模具表面之间摩擦的影响,改变了弯曲件各部分的应力状态(一般可以增大弯曲变形区的拉应力),使回弹困难,因而回弹角减小。

6. 弯曲方式

在无底凹模内做自由弯曲时(图 4.12),回弹最大;在有底凹模内做校正弯曲时,回弹较小。弯曲力的大小不同使得回弹值也有所不同。校正弯曲时,校正力越大,回弹越小,因为校正弯曲时校正力比自由弯曲时的弯曲力大得多,使变形区的应力应变状态与自由弯曲时有所不同。极大的校正弯曲力迫使变形区内侧产生了切向拉应变,与外侧切向应变相同,因此内、外侧纤维都被拉长。卸载后,变形区内、外侧都因弹性恢复而缩短,内侧回弹方向与外侧相反,内、外两侧的回弹趋势相互抵消,产生了减小回弹的效果。例如,V 形件校正弯曲时,如果相对弯曲半径 $r/t<0.2\sim0.3$,则角度回弹量 $\Delta\varphi$ 可能为零或负值。

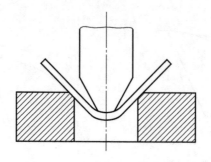

图 4.12　无底凹模内的自由弯曲

由于回弹影响了弯曲件的形状误差和尺寸公差,因此在模具设计和制造时,必须预先考虑材料的回弹值,修正模具相应工作部分的形状和尺寸。

回弹值的确定方法有理论公式计算法和经验查表法,对于不同的相对弯曲半径,回弹值的确定方法也不同。

(1)小半径弯曲的回弹。

当弯曲件的相对弯曲半径 r/t<5～8 时,弯曲半径的变化一般很小,可以不予考虑,而仅考虑弯曲角度的回弹变化。角度的回弹值称为回弹角,以弯曲前后工件弯曲角度变化量 $\Delta\varphi$ 来表示。回弹角可用下式来计算:

$$\Delta\varphi=\varphi-\varphi_{\mathrm{p}} \tag{4.3}$$

式中　φ——工件弯曲后的实际弯曲角度;

　　　φ_{p}——回弹前的弯曲角(即凸模的弯曲角)。

可以运用查表法来查取有关回弹角的修正经验数值。现列表 4.3 供参考。

表 4.3　单角 90°型件自由弯曲时的回弹角 $\Delta\varphi$

材料	$\dfrac{r}{t}$	材料厚度 t/mm		
		<0.8	0.8～2	≥2
软钢(30 号以下)	<1	4°	2°	0°
黄铜	1～5	5°	3°	1°
铝和锌	>5	6°	4°	2°
中硬钢(30～45 号)	<1	5°	2°	0°
硬黄铜	1～5	6°	3°	1°
硬青铜	≥5	8°	5°	3°
	<1	7°	4°	2°
硬钢(50 号以上)	1～5	9°	5°	3°
	≥5	12°	7°	6°

续表 4.3

材料	$\dfrac{r}{t}$	材料厚度 t/mm		
		<0.8	$0.8\sim2$	$\geqslant2$
30CrMnSiA	<2	$2°$	$2°$	$2°$
	$2\sim5$	$2°30'\sim4°30'$	$3°\sim4°30'$	$3°\sim4°30'$
硬铝（2Al2）	<2	$2°$	$3°$	$4°30'$
	$2\sim5$	$4°$	$6°$	$8°30'$
	$\geqslant5$	$6°30'$	$10°$	$14°$
超硬铝（LC4M）	<2	$2°30'$	$5°$	$8°$
	$2\sim5$	$3°\sim5°$	$8°$	$11°30'$

当弯曲角不是 90°时,其回弹角:

$$\Delta\beta=\frac{\beta}{90}\Delta\varphi \tag{4.4}$$

式中　$\Delta\beta$——当弯曲角为 β 时的回弹角;

　　　β——弯曲件的弯曲角;

　　　$\Delta\varphi$——当弯曲角为 90°时的回弹角。

（2）大半径弯曲的回弹。

当相对弯曲半径 $r/t>10$ 时,卸载后弯曲件的弯曲圆角半径和弯曲角度都发生了变化,凸模圆角半径、凸模弯曲中心角以及弯曲角可按纯塑性弯曲条件进行计算:

$$R_{\mathrm{p}}=\frac{r}{1+\dfrac{3\sigma_{\mathrm{s}}r}{Et}}=\frac{1}{\dfrac{1}{r}+\dfrac{3\sigma_{\mathrm{s}}}{Et}} \tag{4.5}$$

$$\varphi_{\mathrm{p}}=180°-\frac{r}{r_{\mathrm{p}}}(180°-\varphi) \tag{4.6}$$

式中　r——工件的圆角半径,mm;

　　　r_{p}——凸模的圆角半径,mm;

　　　φ——工件的圆角半径 r 所对弧长的中心角;

　　　φ_{p}——凸模的圆角半径 r 所对弧长的中心角;

　　　σ_{s}——弯曲材料的屈服极限,MPa;

　　　t——弯曲材料的厚度,mm;

　　　E——材料的弹性模量,MPa。

有关手册给出了许多计算弯曲回弹的公式和图表,选用时应特别注意它们

的应用条件。由于弯曲件的回弹值受诸多因素的综合影响,如材料性能的差异
(甚至同型号不同批次性能的差异)、弯曲件形状、毛坯非变形区的弹性变形恢
复、弯曲方式、模具结构等,所以上述公式的计算值只能是近似的,还需在生产实
践中进一步试模修正,同时可采用一些行之有效的工艺措施来减小、遏制回弹。

4.4.2　减小回弹的措施

在实际生产中,由于材料的力学性能和厚度的波动等因素的存在,要完全消
除弯曲件的回弹是不可能的,生产中可以采取一些措施来减小或补偿回弹所产
生的误差,以提高弯曲件的精度。

1. 从选用材料上采取措施

在满足弯曲件使用要求的条件下,尽可能选用弹性模数大、屈服极限小、机
械性能比较稳定的材料,以减小弯曲时的回弹。

2. 改进弯曲件的结构设计

尽量避免选用过大的相对弯曲半径 r/t,如有可能,在弯曲区压制加强筋,以
提高零件的刚度,抑制回弹(图 4.13(a)、(b)),也可利用成形折边(图 4.13(c))。
另外,尽量选用力学性能稳定和板材厚度波动小的材料。

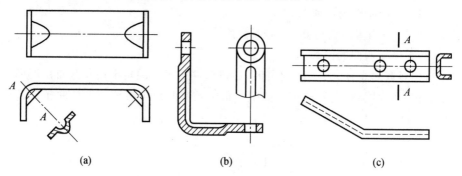

(a)　　　　　　　　　　(b)　　　　　　　　　　(c)

图 4.13　改进弯曲件的结构设计

3. 从工艺上采取措施

(1)采用热处理工艺。

对一些硬材料和已经冷作硬化的材料,弯曲前先进行退火处理,降低其硬度
以减小弯曲时的回弹,待弯曲后再淬硬。在条件允许的情况下,甚至可使用加热
弯曲。

(2)增加校正弯曲工序。

增加校正弯曲工序,对弯曲件施加较大的校正压力可以改变其变形区的应
力应变状态,以减小回弹量。通常,当弯曲变形区材料的校正压缩量为板厚的

$2\% \sim 5\%$ 时,就可以得到较好的效果。

（3）采用拉弯工艺。

对于相对弯曲半径很大的弯曲件,由于变形区大部分处于弹性变形状态,弯曲回弹量很大,这时可以采用拉弯工艺,如图 4.14 所示。

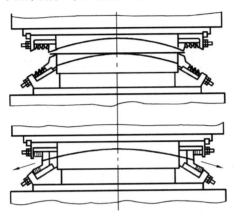

图 4.14　拉弯工艺示意图

工件在弯曲变形的过程中受到了切向(纵向)拉伸力的作用,所施加的拉伸力应使变形区内的合成应力大于材料的屈服极限,中性层内侧压应变转化为拉应变,从而材料的整个横截面都处于塑性拉伸变形的范围(变形区内、外侧都处于拉应变范围)。卸载后,内外两侧的回弹趋势相互抵消,因此可大大减小弯曲件的回弹。大曲率半径弯曲件的拉弯可以在拉弯机上进行。拉弯时,弯曲变形与拉深的先后次序对回弹量有一定影响,先弯后拉比先拉后弯好,但先弯后拉的不足之处是已弯坯料与模具摩擦加大,拉力难以有效地传递到各个部分,因此实际生产中采用拉＋弯＋拉的复合工艺方法。

4. 从模具结构上采取措施

（1）补偿法。

利用弯曲件不同部位回弹方向相反的特点,按预先估算或实验所得的回弹量修正凸模和凹模工作部分的尺寸和几何形状,以相反方向上的回弹来补偿工件的回弹量。补偿法修正模具结构如图 4.15 所示,其中图 4.15(a)为单角弯曲时,根据工件可能产生的回弹量,将回弹角做在凹模上,使凹模的工作部分具有一定的斜度;图 4.15(b)为双角弯曲时的凸、凹模补偿形式,双角弯曲时可以将弯曲凸模两侧修去回弹角,并保持弯曲模的单面间隙等于最小料厚,促使工件贴住凸模,开模后工件两侧回弹至垂直,或者将模具底部做成圆弧形,利用开模后底部向下的回弹作用来补偿工件两侧向外的回弹。

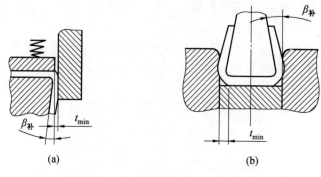

图 4.15　补偿法修正模具结构

（2）校正法。

当材料厚度在 0.8 mm 以上，塑性比较好，而且弯曲圆角半径不大时，可以改变凸模结构，使校正力集中在弯曲变形区，加大变形区应力、应变状态的改变程度（迫使材料内、外侧同为切向压应力和切向拉应变），从而使内、外侧回弹趋势相互抵消。图 4.16（a）所示为单角校正弯曲凸模的修正尺寸形状。图 4.16（b）所示为双角校正弯曲凸模的修正尺寸形状。

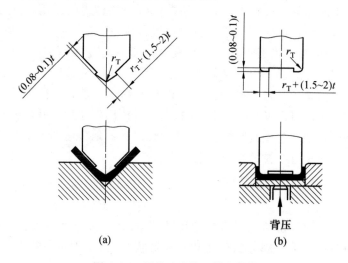

图 4.16　用校正法修正模具结构

（3）纵向加压法。

在弯曲过程完成后，利用模具的凸肩在弯曲件的端部纵向加压（图 4.17），使弯曲变形区的横截面上都受到压应力，卸载时工件内、外侧的回弹趋势相反，使回弹大为降低。利用这种方法可获得较精确的弯边尺寸，但对毛坯精度要求较高。其中，图 4.17（a）所示为双角弯曲，图 4.17（b）所示为单角弯曲。

（4）采用橡胶或聚氨酯凹模代替刚性金属凹模进行弯曲。

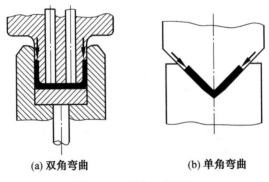

(a) 双角弯曲　　　　　(b) 单角弯曲

图 4.17　纵向加压弯曲

如图 4.18 所示,弯曲时随着金属凸模逐渐进入聚氨酯凹模,聚氨酯对板材的单位压力也不断增加,弯曲件圆角变形区所受到的单位压力大于两侧直边部分。由于仅受聚氨酯侧压力的作用,直边部分不发生弯曲,随着凸模进一步下压,激增的弯曲力将会改变圆角变形区材料的应力、应变状态,达到类似校正弯曲的效果,从而减小回弹。通过调节凸模压入聚氨酯凹模的深度,可以控制弯曲力的大小,使卸载后的弯曲件角度符合精度要求。

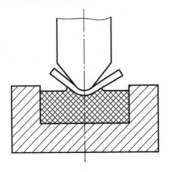

图 4.18　聚氨酯弯曲模

4.4.3　弯曲件的常见缺陷及其防止措施

弯曲是一种变形工艺,由于弯曲变形过程中变形区应力、应变分布的性质、大小和表现形态不尽相同,加之弯曲变形过程中受到凹模摩擦力的作用,所以在实际生产加工中弯曲件不可避免地要产生质量问题,常见的是弯裂、截面畸变、翘曲、回弹和偏移等。

1. 弯裂及其防止措施

弯曲时,板材外侧(靠近凹模一侧)受到拉伸作用,当外侧拉应力大于材料的抗拉强度时,板材外侧将产生裂纹,这种现象称为弯裂。实践证明,在材料性能均匀的情况下,工件是否弯裂主要取决于最小相对弯曲半径 r_{min}/t,r_{min}/t 的值越小,其变形程度就越大,越容易产生裂纹。

为了控制或防止弯裂,在一般情况下,不宜采用最小弯曲半径。当工件的相对弯曲半径小于表 4.4 所列数值时,为提高弯曲极限变形程度,常采取以下措施。

(1)经冷变形硬化的材料可采用热处理的方法恢复其塑性,再进行弯曲。

(2)清除冲裁毛刺。当毛刺较小时也可以使有毛刺的一面处于弯曲受压的内缘(即有毛刺的一面朝向弯曲凸模),以免应力集中而开裂。

(3)对于低塑性的材料或厚料,可采用加热弯曲。

(4)采用两次弯曲的工艺方法,即第一次采用较大的弯曲半径,然后退火;第二次再按工件要求的弯曲半径进行弯曲。这样就使变形区域扩大,减小了外层材料的伸长率。

(5)对于较厚材料的弯曲,如结构允许,可以采取先在弯角内侧开槽后再进行弯曲的工艺。

表 4.4　中性层位移系数 x 的值

r/t	0.1	0.2	0.3	0.4	0.5	0.6	0.7	0.8	1.0	1.2
x	0.21	0.22	0.23	0.24	0.25	0.26	0.28	0.30	0.32	0.33
r/t	1.3	1.5	2	2.5	3	4	5	6	7	≥8
x	0.34	0.36	0.38	0.39	0.40	0.42	0.44	0.46	0.48	0.50

2. 截面畸变及其防止措施

截面畸变是指坯料弯曲后断面发生变形的现象。窄板弯曲如前所述;型材、管材弯曲后的剖面畸变如图 4.19 所示。这种现象是由径向应力引起的。另外,在薄壁管的弯曲中,还会出现内侧面因受到压应力的作用而失稳起皱的现象。因此,弯曲管件时,管中应加填料或芯棒。

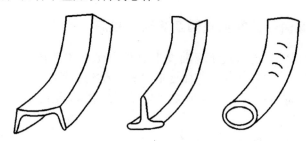

图 4.19　型材、管材弯曲后的剖面畸变

3. 翘曲及其防止措施

通常,细而长的板材弯曲件,弯曲后纵向产生翘曲变形。这是因为沿折弯线

方向工件的刚度小,塑性弯曲时,外区宽度方向上的压应变和内区的拉应变将得以实现,结果使折弯线发生变化,零件纵向翘曲。当弯曲短而粗的弯曲件时,由于沿工件纵向刚度大,宽向应变被抑制,所以翘曲不明显。翘曲现象一般通过采用校正弯曲的方法来进行控制。

4.5 弯曲件毛坯长度计算

弯曲件毛坯长度是指弯曲件在弯曲之前的展平尺寸。它是毛坯下料的依据,是弯曲出合格零件的基本保证。弯曲件毛坯长度的计算依据弯曲件的形状、弯曲半径、弯曲方向的不同而不同。

4.5.1 中性层位置的确定

根据中性层的定义,弯曲件的坯料长度应等于中性层的展开长度。中性层位置(图 4.20)以曲率半径 ρ 表示,通常用下面的经验公式来确定:

$$\rho = r + xt \tag{4.7}$$

式中 r——零件的内弯曲半径;

   t——材料厚度;

   x——中性层位移系数,见表 4.4。

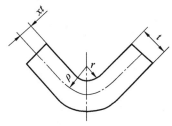

图 4.20　中性层位置

中性层位置确定后,对于形状比较简单、尺寸精度要求不高的弯曲件,可直接采用下面介绍的方法计算坯料长度。而对于形状比较复杂或精度要求高的弯曲件,在利用式(4.7)初步计算坯料长度后,还需反复试弯不断修正,才能最后确定坯料的形状及尺寸。

4.5.2 圆角半径 $r > 0.5t$

圆角半径 $r > 0.5t$,此类弯曲件又称为有圆角半径的弯曲件,在弯曲过程中,由于毛坯的应变中性层尺寸不变,因此在计算其展开长度时,只需计算其中性层展开长度即可,多角弯曲件的展开长度如图 4.21 所示。

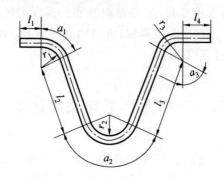

图 4.21　多角弯曲件的展开长度

其展开长度等于所有直线段和弯曲部分中性层展开长度之和,计算式如下:

$$L=a_1+a_2+a_3+\cdots+a_n+l_1+l_2+l_3+\cdots+l_n \tag{4.8}$$

式中　L——弯曲件展开长度,mm;

　　　　$a_1,a_2,a_3,\cdots,a_n$——各圆弧线段的展开长度,mm;

　　　　$l_1,l_2,l_3,\cdots,l_n$——各直线段的长度,mm。

例 4.1　如图 4.22 所示,单角弯曲件的毛坯展开尺寸可计算如下。

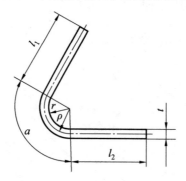

图 4.22　$\theta<90°$的弯曲件示意图

$$L=l_1+l_2+a=l_1+l_2+2\pi\rho\times\frac{\alpha}{360}=l_1+l_2+\frac{\pi\alpha}{180}\times(r+xt) \tag{4.9}$$

4.5.3　圆角半径 $r<0.5t$

圆角半径 $r<0.5t$,此类弯曲件的中性层变化复杂,其毛坯展开长度是按体积不变的原则计算的,弯曲件展开长度计算公式见表 4.5。计算时应注意以下两点。

（1）对于同一形状的弯曲件,若弯曲方法不同,则毛坯的展开尺寸也不同。

（2）对于尺寸精度要求高的弯曲件,其毛坯展开长度应在试件弯曲后进行校正,修改模具后才能批量下料。

表 4.5　圆角半径 $r<0.5t$ 时弯曲件展开长度计算公式

序号	弯曲特征	展开长度计算公式
1	弯一个角(弯曲 180°)	$L=l_1+l_2-0.43t$
2	弯一个角(弯曲 90°)	$L\approx l_1+l_2+0.40t$
3	一次同时弯两个角	$L=l_1+l_2+l_3+0.6t$
4	一次同时弯三个角	$L=l_1+l_2+l_3+l_4+0.75t$
5	第一次同时弯两个角, 第二次弯曲另一个角	$L=l_1+l_2+l_3+l_4+t$
6	一次同时弯四个角	$L=l_1+2l_2+2l_3+t$
7	分两次弯曲四个角	$L=l_1+2l_2+2l_3+1.2t$

4.6　弯曲力计算和设备选择

弯曲力是指压力机完成预定的弯曲工序所需施加的压力,是选择合适压力机的依据。弯曲力的大小与毛坯尺寸、材料力学性能、凹模支点间的距离、弯曲半径、凸凹模间隙等因素有关,计算过程非常复杂,生产中常用经验公式进行计算。

4.6.1　自由弯曲力

弯曲力的计算按弯曲件的形状可分为 V 形件和 U 形件两种情况,自由弯曲示意图如图 4.23 所示。

对于 V 形件,

$$F_Z=\frac{0.6kbt^2\sigma_b}{r+t} \tag{4.10}$$

对于 U 形件,

$$F_Z=\frac{0.7kbt^2\sigma_b}{r+t} \tag{4.11}$$

式中　F_Z——自由弯曲力(冲压结束时的弯曲力),N;

　　　k——安全系数,一般取 $k=1.3$;

　　　b——弯曲件宽度,mm;

　　　t——弯曲件厚度,mm;

　　　σ_b——材料的抗压强度,MPa;

r——弯曲半径(内角半径),mm。

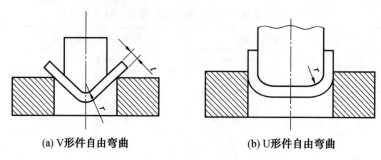

(a) V形件自由弯曲　　　　　　(b) U形件自由弯曲

图 4.23　自由弯曲示意图

4.6.2　校正弯曲力

校正弯曲是在自由弯曲阶段之后进行的,校正弯曲示意图如图 4.24 所示。两个力并非同时存在,且校正弯曲力比自由弯曲力大得多,因此,在校正弯曲时,只需计算校正弯曲力。

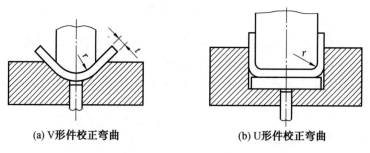

(a) V形件校正弯曲　　　　　　(b) U形件校正弯曲

图 4.24　校正弯曲示意图

校正弯曲力可按下式进行计算:

$$F_{\mathrm{j}} = Ap \tag{4.12}$$

式中　F_{j}——校正弯曲力,N;

A——工件被校正部分在凹模上的投影面积,mm²;

p——单位校正力(表 4.6),MPa。

表 4.6　单位校正力 p　　　　　　　　　MPa

材料	材料厚度 t/mm			
	<1	1～3	3～6	6～10
铝	15～20	20～30	30～40	40～50
黄铜	20～30	30～40	40～60	60～80
10～20 钢	30～40	40～60	60～80	80～100
25～30 钢	40～50	50～70	70～100	100～120

4.6.3　顶件力和压料力

对于设置顶件装置或压料装置的弯曲模,顶件力或压料力可根据下式估算:

$$F_Q = (0.3 \sim 0.8) F_z \qquad (4.13)$$

式中　F_Q——顶件力或压料力;

　　　F_z——自由弯曲力。

对于有压料装置的自由弯曲,有

$$F_机 \geqslant (1.2 \sim 1.3)(F_Q + F_z) \qquad (4.14)$$

对于校正弯曲,由于校正弯曲力比顶件力或压料力大得多,故 F_Q 可忽略不计,即

$$F_机 \geqslant (1.2 \sim 1.3) F_校 \qquad (4.15)$$

4.6.4　设备选择

弯曲设备即弯曲时所用压力机是根据弯曲时所需的总弯曲工艺力 F 来选取的。总弯曲工艺力 F 的确定方法如下:

自由弯曲时,

$$F = F_z + F_Q \qquad (4.16)$$

校正弯曲时,

$$F = F_j + F_Q \approx F_j \qquad (4.17)$$

在校正弯曲时,校正弯曲力远大于自由弯曲力 F_z,当然也就远大于顶件力或压料力 F_Q。因此,在计算总弯曲工艺力 F 时,顶件力或压料力 F_Q 可以忽略不计,只考虑校正弯曲力 F_j 即可。选择压力机时,一般应使压力机的公称压力 $F_P \geqslant 1.3F$。计算弯曲件展开长度时,一定要注意弯曲半径 r 的大小不同,选用的计算方法也不相同。弯曲力的计算与模具结构形式有关,所以计算时要确定模具结构设计方案是采用自由弯曲形式还是校正弯曲形式。

4.7　最小相对弯曲半径的确定

4.7.1　最小相对弯曲半径 r_{min}/t

弯曲时弯曲半径越小,板材外表面的变形程度越大,若弯曲半径过小,则板材的外表面将超过材料的变形极限而出现裂纹或拉裂。在保证弯曲变形区材料外表面不发生破坏的条件下,弯曲件内表面所能形成的最小圆角半径称为最小弯曲半径。

最小弯曲半径与弯曲材料厚度的比值 r_{min}/t 称为最小相对弯曲半径,又被称为最小弯曲系数,是衡量弯曲变形程度的主要标志。

最小相对弯曲半径的数值可以根据图 4.25 用下列近似计算方法求得。

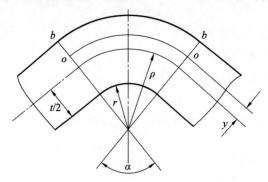

图 4.25　板材的弯曲状态及中性层

在厚度一定的条件下,设中性层位置半径为 $\rho = r + t/2$,则弯曲圆角变形区最外层表面的切向拉应变 ε_θ 为

$$\varepsilon_\theta = \frac{bb - oo}{oo} = \frac{(\rho + t/2)\alpha - \rho\alpha}{\rho\alpha} = \frac{t/2}{\rho} = \frac{t}{2r + t} \tag{4.18}$$

以 $\rho = r + t/2$ 代入上式,得

$$\varepsilon_\theta = \frac{1}{2r/t + 1} \tag{4.19}$$

即

$$\frac{r}{t} = \frac{1}{2}\left(\frac{1}{\varepsilon_\theta} - 1\right) \tag{4.20}$$

当 ε_θ 达到材料拉应变的最大极限值 $\varepsilon_{\theta max}$ 时,最小相对弯曲半径为 r_{min}/t,即

$$\frac{r_{min}}{t} = \frac{1}{2}\left(\frac{1}{\varepsilon_{\theta max}} - 1\right) \tag{4.21}$$

材料的 $\varepsilon_{\theta max}$ 值越大,则相对弯曲半径极限值 r_{min}/t 越小,说明板材弯曲的性能越好。最小相对弯曲半径 r_{min}/t 也可以用材料的断面收缩率 ψ 来计算,其与切向应变 ε_θ 之间的换算关系为

$$\psi = \frac{\varepsilon_\theta}{1 + \varepsilon_\theta} \tag{4.22}$$

将式(4.18)代入式(4.22),可得

$$\frac{r}{t} = \frac{1}{2\psi} - 1 \tag{4.23}$$

当弯曲时材料的断面收缩率 ψ 达到最大极限值 ψ_{max} 时,相对弯曲半径为最小值,于是有

$$\frac{r_{min}}{t} = \frac{1}{2\psi_{max}} - 1 \qquad (4.24)$$

上述公式中的最大切向拉应变 $\varepsilon_{\theta max}$ 和断面收缩率最大极限值 ψ_{max} 可以通过材料单向拉伸实验测得。上述理论公式计算的结果与实际的值有一定误差,因为生产实践中使用的最小相对弯曲半径除了与材料的力学性能、材料厚度等有关外,还受其他因素的影响。

4.7.2　影响最小相对弯曲半径的因素

1. 材料的力学性能

材料的塑性越好,许可的相对弯曲半径越小;对于塑性差的材料,其最小相对弯曲半径 r_{min}/t 应大一些。在生产中可以采用热处理的方法来提高某些塑性较差的材料及冷作硬化材料的塑性变形能力,以减小最小相对弯曲半径。

2. 弯曲中心角

弯曲中心角 α 是弯曲件圆角变形区圆弧所对应的圆心角。理论上弯曲变形区局限于圆角区域,直边部分不参与变形,似乎变形程度只与相对弯曲半径 r/t 有关,而与弯曲中心角 α 无关。但实际上,由于材料的相互牵制作用,接近圆角的直边部分也参与了变形,扩大了弯曲变形区的范围,分散了集中在圆角部分的弯曲应变,使圆角外表面受拉状态有所缓解,从而有利于降低最小相对弯曲半径。

弯曲中心角 α 越小,变形分散效应越显著,最小相对弯曲半径也越小;反之,弯曲中心角 α 越大,对最小相对弯曲半径 r_{min}/t 的影响将越弱,当弯曲中心角大于 90° 后,对最小相对弯曲半径 r_{min}/t 基本无影响。

3. 板材的纤维方向

弯曲所用的冷轧钢板经多次轧制后产生纤维组织,使板材性能呈现明显的方向性。顺着纤维方向的塑性指标优于与纤维垂直的方向。当弯曲件的折弯线与纤维方向垂直时,材料具有较大的拉伸强度,不易拉裂,最小相对弯曲半径 r_{min}/t 的数值最小。而平行时最小相对弯曲半径的数值最大(图 4.26(a)、(b))。对于相对弯曲半径较小或者塑性较差的弯曲件,弯曲线应尽可能垂直于轧制方向。当弯曲件为双侧弯曲,而且相对弯曲半径又比较小时,应在排样时使两个弯曲线与板材的纤维方向成 45° 夹角(图 4.26),而在 r/t 较大时,可以不考虑纤维方向。

4. 板材的冲裁断面质量和表面质量

当板材剪切断面上存在毛刺、裂口、冷作硬化及表面划伤、裂纹等缺陷时,将会造成弯曲时应力集中,并降低塑性变形的稳定性,使材料易破裂,因此,表面质

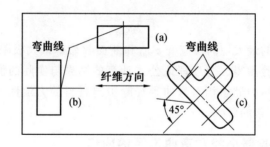

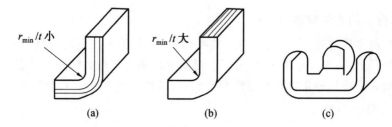

图 4.26　板材纤维方向对弯曲半径的影响

量和断面质量差的板材弯曲,其最小相对弯曲半径 r_{min}/t 的数值一般较大。

当生产实际中需要用到较小的 c 值时,可以采用弯曲前去除毛刺或将材料有小毛刺的一面朝向弯曲凸模、切除剪切断面上的硬化层或者退火处理等方法来避免工件破裂。

5. 板材的宽度

弯曲件的相对宽度 B/t 越大,板材沿宽向流动的阻碍就越大;相对宽度 B/t 越小,板材沿宽向的流动就越容易,可以改善圆角变形区外侧的应力应变状态。因此,相对宽度 B/t 较小的窄板,其相对弯曲半径的数值可以较小。

6. 板材的厚度

弯曲变形区切向应变在板材厚度的方向上按线性规律变化,在内、外表面上最大,在中性层上为零。当板材的厚度较小时,按此规律变化的切向应变梯度很大,与最大应变的外表面相邻近的纤维层可以起到阻止外表面材料局部不均匀延伸的作用,所以薄板弯曲允许具有更小的 r_{min}/t 值。

由于影响最小相对弯曲半径的因素很多,因此,目前国内各企业普遍采用经实验获得的经验数据,板材最小相对弯曲半径见表 4.7。

弯曲管件时,最小弯曲半径不受金属塑性的限制,因为管件弯曲半径一般较大,外层纤维的变形很小,管件弯曲的主要问题是受变形区截面失稳产生畸变的限制。表 4.8 为钢管及铝管所允许的最小弯曲半径。

表 4.7　最小相对弯曲半径 r_{min}/t

材料	退火或正火		加工硬化	
	弯曲线位置			
	垂直于纤维方向	平行于纤维方向	垂直于纤维方向	平行于纤维方向
08、10、Q195、Q215	0.1	0.4	0.4	0.8
15、20、Q235	0.1	0.5	0.5	1.0
25、30、Q255	0.2	0.6	0.6	1.2
35、40、Q275	0.3	0.8	0.8	1.5
45、50	0.5	1.0	1.0	1.7
55、60	0.7	1.3	1.3	2.0
65Mn	1.0	2.0	2.0	3.0
1Cr18Ni9	1.0	2.0	3.0	4.0
铝	0.1	0.3	0.5	1.0
硬铝（软）	1.0	1.5	1.5	2.5
硬铝（硬）	2.0	3.0	3.0	4.0
退火紫铜	0.1	0.3	1.0	2.0
软黄铜	0.1	0.3	0.4	0.8
半硬黄铜	0.1	0.3	0.5	1.2
镁合金	300 ℃热弯		冷弯	
MB1	2.0	3.0	6.0	8.0
MB2	1.5	2.0	5.0	6.0
钛合金	300～400 ℃热弯		冷弯	
BT1	1.5	2.0	3.0	4.0
BT5	3.0	4.0	5.0	6.0
钼合金	400～500 ℃热弯		冷弯	
$t \leqslant 2$ mm	2.0	3.0	4.0	5.0

表 4.8　钢管及铝管所允许的最小弯曲半径

管壁厚度 t	最小弯曲半径 r_{min}
$t=0.02D$	$4D$
$t=0.05D$	$3.6D$
$t=0.10D$	$3D$
$t=0.15D$	$2D$

注：t 为管壁厚度，D 为管件直径。

4.8　弯曲件的工序安排

弯曲件的弯曲次数和工序安排必须根据工件形状的复杂程度、弯曲材料的性质、尺寸精度要求的高低、生产批量的大小等因素综合考虑。合理地安排弯曲工序可以简化模具结构，减小弯曲次数，提高弯曲件的质量和劳动生产率。形状复杂的弯曲件一般需要多次弯曲才能成形，在确定工序安排和模具结构时，应反复比较，确定合理的弯曲工序。

1. 工序安排遵循的原则

（1）先弯外角，后弯内角。

（2）后道工序弯曲时不能破坏前道工序弯曲的变形部分。

（3）前道工序弯曲必须考虑后道工序弯曲时有合适的定位基准。

2. 工序安排的方法

（1）对于形状简单的弯曲件，可以采用一次弯曲成形的方法，一道工序弯曲成形如图 4.27 所示。

图 4.27　一道工序弯曲成形

（2）对于形状复杂的弯曲件，一般采用两次或多次弯曲成形的方法。

①两道工序弯曲成形如图 4.28 所示。

②三道工序弯曲成形如图 4.29 所示。

（3）对于某些结构不对称的零件，弯曲时毛坯容易发生滑移，可以采用工件对称弯曲成形、弯曲后再切开的方法，这样既防止了滑移，又改善了弯曲模具的受力状态，成对弯曲成形如图 4.30 所示。

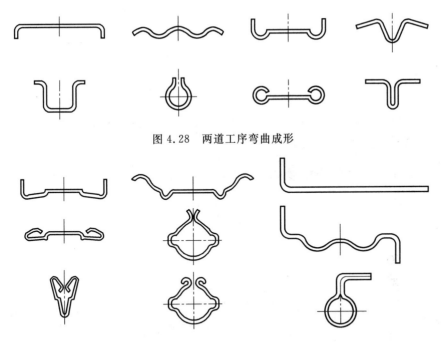

图 4.28　两道工序弯曲成形

图 4.29　三道工序弯曲成形

（4）如果弯曲件上孔的位置会受到弯曲过程的影响，而孔的精度要求又较高时，应在弯曲之后再冲孔，否则孔的位置精度无法保证，冲孔如图 4.30 所示。

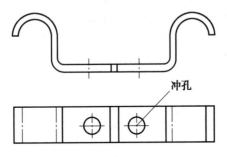

图 4.30　成对弯曲成形

（5）对于批量大而尺寸较小的弯曲件（电子产品中的元器件），为了提高生产率和产品质量，可以采用多工位连续模的冲压成形工艺方法，即在一套模具上完成冲裁（冲孔、落料）、弯曲、切断等多道工序，连续地进行冲压成形。

4.9　弯曲件的工艺性

弯曲件的工艺性是指弯曲零件的形状、尺寸、精度、材料选用及技术要求等是否符合弯曲变形规律的要求。具有良好工艺性的弯曲件能简化弯曲工艺过程及模具结构,提高工件的质量。

4.9.1　弯曲件的精度

弯曲件的精度受坯料定位、偏移、翘曲和回弹等因素的影响,弯曲的工序数目越多,精度也越低。一般弯曲件的精度公差等级在 IT13 级以下,角度公差大于 15′。弯曲件未注公差的长度尺寸的极限偏差见表 4.9,弯曲件角度的自由公差值见表 4.10。

表 4.9　弯曲件未注公差的长度尺寸的极限偏差

长度尺寸 l/mm		3～6	6～18	18～50	50～120	120～260	260～500
材料厚度 t/mm	≤2	±0.3	±0.4	±0.6	±0.8	±1.0	±1.5
	2～4	±0.4	±0.6	±0.8	±1.2	±1.5	±2.0
	>4	—	±0.8	±1.0	±1.5	±2.0	±2.5

表 4.10　弯曲件角度的自由公差值

弯边长度 l/mm	≤6	6～10	10～18	18～30	30～50
角度公差 $\Delta\beta$	±3°	±2°30′	±2°	±1°30′	±1°15′
弯边长度 l/mm	50～80	80～120	120～180	180～260	260～360
角度公差 $\Delta\beta$	±1°	±50′	±40′	±30′	±25′

4.9.2　弯曲件的材料

如果弯曲件的材料具有足够的塑性,屈强比 σ_s/σ_b 小,屈服点与弹性模量的比值 σ_s/E 小,则有利于弯曲成形和提高工件的质量,如软钢、黄铜和铝等材料的弯曲成形性能好。而脆性较大的材料,如磷青铜、铍青铜、弹簧等,则最小相对弯曲半径大,回弹大,且容易发生开裂,不利于成形。

4.9.3　弯曲件的结构

1. 弯曲半径

　　为防止弯曲时出现裂纹,弯曲半径不宜小于材料所允许的最小弯曲半径。当工件弯曲半径过小时,对于板厚小于 1.0 mm 的薄料,可改变其结构形状,如图 4.31(a)所示的 U 形件,将尖角处改为凸底圆角形;对于厚料则可先在圆角区开槽,然后再进行弯曲,如图 4.31(b)、(c)所示。对于不允许改变其形状或开槽时,可采用两次弯曲,第一次采用较大的弯曲半径,成形后退火,第二次用校正弯曲方法使圆角半径减小,达到工件尺寸要求。

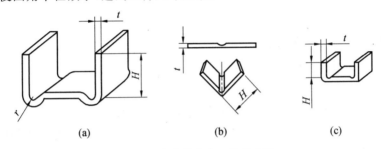

(a)　　　　　　　(b)　　　　　　　(c)

图 4.31　弯曲带尖角工件的方法

2. 弯曲件的形状

　　弯曲件一般要求形状对称,弯曲半径左右一致,这样弯曲时坯料由于受力比较均匀而不会产生滑动(图 4.32(a))。如果弯曲件不对称,由于摩擦阻力不均匀,坯料在弯曲过程中会产生滑动,造成偏移(图 4.32(b))。在弯曲变形区附近有缺口的弯曲件,若在坯料上先将缺口冲出,弯曲时就会出现叉口,严重时无法成形,这时应在缺口处留连接带,待弯曲成形后再将连接带切除(图 4.33(a)、(b)),还可以采取在坯料上预先增添定位孔的方法来保证坯料在弯曲模内准确定位(图 4.33(c))。

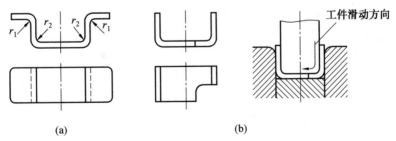

(a)　　　　　　　　　　(b)

图 4.32　形状对称和不对称的弯曲件

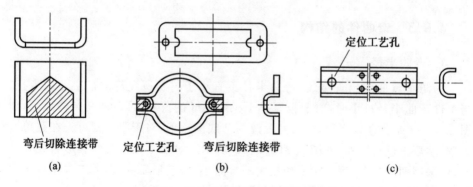

图 4.33 增添连接带和定位孔的弯曲件

3. 弯曲件的直边高度

弯曲件的直边高度不宜过小,其值应为 $h > r + 2t$(图 4.34(a)),较小时,直边在模具上支撑的长度过小,不容易形成足够的弯矩,很难得到形状准确的零件。当 $h < r + 2t$ 时,须预先压槽,再弯曲,或增加弯边高度,弯曲后再切掉(图 4.34(b))。如果所弯直边带有斜角,那么在斜边高度小于 $r + 2t$ 的区段不可能弯曲到所要求的角度,而且此处也容易开裂(图 4.34(c))。因此,必须改变零件的形状,加高直边尺寸(图 4.34(d))。

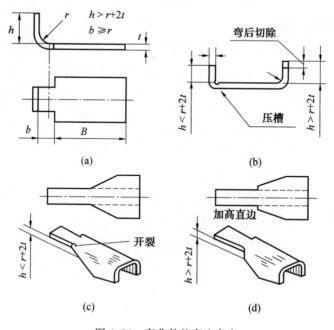

图 4.34 弯曲件的弯边高度

4.9.4　防止弯曲根部裂纹的工件结构

在局部弯曲某一段边缘时,为避免弯曲根部撕裂,应减小不弯曲部分的长度 B,使其退出弯曲线之外,即 $B \geqslant t$(图 4.34(a))。如果零件的长度不能减小,那么应在弯曲部分与不弯曲部分之间切槽或在弯曲前冲出工艺孔(图 4.35)。

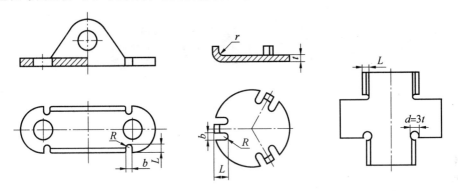

图 4.35　加冲止裂槽和止裂孔

4.9.5　弯曲件的孔边距

当弯曲有孔的工件时,如果孔位于弯曲变形区内,则弯曲时孔要发生变形,因此必须使孔处于变形区之外(图 4.36)。一般孔边到弯曲半径 r 中心的距离要满足以下关系:

(1)当 $t < 2$ mm 时,$L \geqslant t$。

(2)当 $t \geqslant 2$ mm 时,$L \geqslant 2t$。

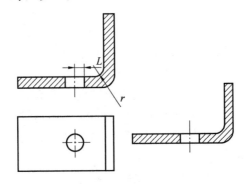

图 4.36　弯曲件的孔边距

如果孔边至弯曲半径 r 中心的距离过小,为防止弯曲时孔变形,可在弯曲线上切槽(图 4.37(a))或冲工艺孔(图 4.37(b))。如果对零件孔的精度要求较高,则应弯曲后再冲孔(图 4.37(c))。

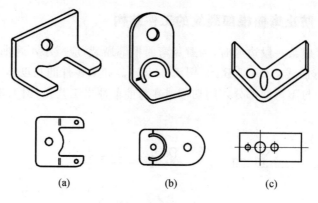

图 4.37　弯曲件孔边距离

4.10　弯曲模结构设计

4.10.1　弯曲模结构设计的要点

由于弯曲件的种类很多,形状繁简不一,因此弯曲模的结构类型也是多种多样的。常见的弯曲模结构类型有单工序弯曲模、级进弯曲模、复合弯曲模和通用弯曲模等。简单的弯曲模工作时只有一个垂直运动,复杂的弯曲模除垂直运动外,还有一个或多个水平动作。因此,弯曲模设计难以做到标准化,通常参照冲裁模的一般设计要求和方法,并针对弯曲变形的特点进行设计。设计时应考虑以下几点。

（1）应根据工件形状的复杂程度、材料的性质、尺寸精度要求的高低合理安排弯曲工序。采用多工序弯曲时,各工序尽可能采用同一定位基准。

（2）毛坯放置在模具上时,必须有正确、可靠的定位。

（3）弯曲凸、凹模的定位要准确,结构要牢固。当弯曲过程中有较大的水平侧向力作用于模具上时,应设计侧向力平衡挡块等结构。当分体式凹模受到较大侧向力作用时,不能让定位销承受侧向力,要将凹模嵌入下模座内固定。

（4）模具结构应能补偿回弹值。

（5）弯曲凸模圆角半径 r_p 可以先设计制作成最小允许尺寸,以便试模后根据需要修正放大。

（6）对于对称弯曲件,弯曲凸模圆角半径和凹模圆角半径应保证两侧对称相等,以免弯曲时毛坯产生滑移。

（7）结构设计时,应考虑尽可能实现校正弯曲。

4.10.2 弯曲模工作部分尺寸的计算

1. 凸、凹模间隙 C

凸、凹模间隙是指弯曲模中凸、凹模之间的单边间隙,用 C 表示。

弯曲 V 形件时,凸、凹模间隙靠调节压力机的装模高度来控制,不需模具结构保证。弯曲 U 形件时,凸、凹模间隙对弯曲件的回弹、弯曲力等都有很大的影响。间隙越小,弯曲力越大;间隙过小,会使工件壁变薄,并降低凹模寿命;间隙过大,则回弹较大,还会降低工件精度。当 $C<t$ 时,可能会出现负回弹。间隙值一般按经验公式进行计算:对钢板,C 取值为 $(1.05\sim1.15)t$;对有色合金,C 取值为 $(1\sim1.1)t$。

2. 凸、凹模宽度尺寸(U 形件)

据弯曲件的标注方法不同,可分为两类情况。

(1)工件标注外形尺寸。

如图 4.38 所示,当工件标注外形尺寸时,应以凹模为基准件。

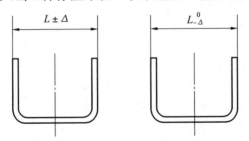

图 4.38 尺寸标注在外形

①凹模宽度。

凹模宽度有

$$L_d = (L - x\Delta)^{+\delta_d}_{0} \tag{4.25}$$

当工件标注双向对称偏差 $L\pm\Delta$ 时,取 $x=0.5$;当工件标注单向偏差 $L^{0}_{-\Delta}$ 时,取 $x=0.75$。

②凸模宽度。

a. 互换法。

互换法有

$$L_p = (L_d - 2C)^{0}_{-\delta_p} \tag{4.26}$$

b. 按凹模的实际尺寸配制,保证单边间隙值 C。

(2)工件标注内形尺寸。

如图 4.39 所示,当工件标注内形尺寸时,应以凸模为基准件。

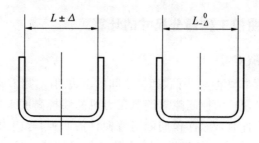

图 4.39　尺寸标注在内形

①凸模宽度。

当工件标注双向对称偏差 $L\pm\Delta$ 时,取 $x=0.5$;当工件标注单向偏差 $L_{\ 0}^{+\Delta}$ 时,取 $x=0.75$。

②凹模宽度。

a. 互换法。

$$L_d=(L+2C)_{\ 0}^{+\delta_d} \tag{4.27}$$

式中　L_d——凹模宽度尺寸,mm;

　　　　L_p——凸模宽度尺寸,mm;

　　　　L——工件的公称尺寸,mm;

　　　　Δ——工件宽度尺寸公差,mm;

　　　　δ_p、δ_d——凸、凹模的制造公差,一般取 IT7~1T9 级。

b. 按凸模的实际尺寸配制,保证单边间隙值 C。

3. 凸、凹模圆角半径及凹模深度

(1)凸模圆角半径 r_p。

①当弯曲件的内侧弯曲半径为 r 时,凸模圆角半径应等于弯曲件的圆角半径,即 $r_p=r$,但必须使凸模圆角半径 r_p 大于最小弯曲半径 r_{min}。

若因结构需要,必须使凸模圆角半径 r_p 小于最小弯曲半径 r_{min} 时,则可先弯曲成较大的圆角半径,然后再采用整形工序进行整形。

②工件精度要求较高时,凸模圆角半径 r_p 应根据回弹值做相应的修正,可根据下式进行估算:

$$r_p=\frac{1}{\dfrac{1}{r}+\dfrac{3\sigma_s}{Et}} \tag{4.28}$$

式中　r——弯曲件内侧弯曲半径,mm;

　　　　σ_s——材料的屈服强度,MPa;

　　　　E——材料的弹性模量,MPa;

　　　　t——弯曲件厚度,mm。

（2）凹模圆角半径 r_d。

为避免弯曲时毛坯表面出现裂纹，r_d 通常可根据板材厚度 t 取值（或按表 4.11 查取）。

①$t \leqslant 2$ mm，r_d 取值为 $(3 \sim 6)t$。

②t 取值为 $2 \sim 4$ mm，r_d 取值为 $(2 \sim 4)t$。

③$t > 4$ mm，r_d 取值为 $2t$。

表 4.11　凹模圆角半径 r_d 与深度 l

板材厚度 t/mm	≤0.5		0.5~2.0		2.0~4.0		4.0~7.0	
弯曲件直边长度 L/mm	r_d	l	r_d	l	r_d	l	r_d	l
10	6	3	10	3	10	6	3	10
20	8	3	12	4	20	8	3	12
35	12	4	15	5	35	12	4	15
50	15	5	20	6	50	15	5	20
75	20	6	25	8	75	20	6	25
100	—	—	30	10	100	—	—	30
150	—	—	35	12	150	—	—	35
200	—	—	45	15	200	—	—	45

设计时注意凹模两侧的圆角半径应相等，以避免弯曲时毛坯发生滑移。

（3）凹模深度 l。

凹模深度是指弯曲件的弯曲边在凹模内的非变形区的直线段长度，凹模圆角半径及凹模深度如图 4.40 所示。

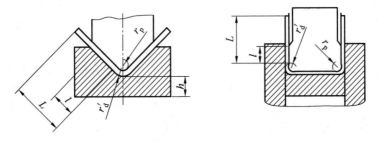

图 4.40　凹模圆角半径及凹模深度

凹模深度 l 值的大小可查表 4.11。凹模深度过小，会使两边的自由部分过大，造成弯曲件的回弹量大，工件不平直；凹模深度过大，则增大了凹模尺寸，浪费模具材料，并且需要大行程的压力机。

4.10.3 弯曲模的典型结构

在弯曲件的弯曲工艺方案确定之后,就可以对弯曲模进行结构设计了。

1. 单工序弯曲模

图 4.41 所示为 V 形件弯曲模的一般结构形式,其特点是结构简单、通用性好,但弯曲时坯料容易偏移,影响工件精度。凸模 1 安装在标准槽形模柄上,并用销钉定位,组成上模。毛坯由定位板 2 定位,沿定位面加工出倒角,便于放入毛坯。顶杆 5 和弹簧组成顶件装置,在工作行程中起压料作用,可以防止毛坯横向移动,回程可将工件从凹模 3 内顶出。弯曲模一般不需要模架,调整模具时先定位凸模,待调整满足要求后再固定凹模。

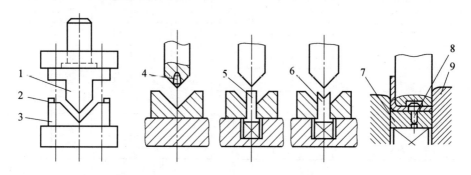

图 4.41 V 形件弯曲模的一般结构形式
1—凸模;2—定位板;3—凹模;4—定位尖;5—顶杆;
6—V 形顶板;7—顶板;8—定料销;9—反侧压块

图 4.42 所示为 V 形件折板式弯曲模,其特点是活动凹模 4 由两块平板构成,中间以铰链连接,铰链的转轴 5 沿支撑板 6 的长槽上下滑动。定位板 3 固定在活动凹模上。弯曲前,顶杆 7 将转轴顶到最高位置,使两块活动凹模呈一平面,平板坯料放在定位板上定位。工作时,在凸模 1 的作用下,当凸模回程时,活动凹模借助顶杆 7 的作用复位并顶出弯曲件。在弯曲过程中,由于坯料始终与活动凹模和定位板接触,即使坯料形状不对称也不会产生相对滑动和偏移,因此弯曲件的精度和表面质量都较高。这种结构特别适用于有精确孔位的小零件、坯料不易放平稳的带窄条零件,以及没有足够压料面的零件。

2. 级进弯曲模

一些小型弯曲件采用单工序弯曲模加工不方便、不安全,这时可考虑采用级进模,将全部冲裁和弯曲工序安排在同一副模具上完成,可以解决上述问题,这也是现代冲压模具发展的趋势。

图 4.43 所示为级进弯曲模。模具是按使用带料设计的,带料送进时由挡块

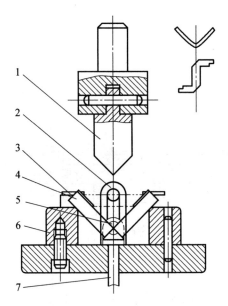

图 4.42　V 形件折板式弯曲模

1—凸模；2—支架；3—定位板（销）；4—活动凹模；5—转轴；6—支撑板；7—顶杆

5 定距。在第 1 工位由冲孔凸模 4 与冲孔凹模 8 完成冲孔，同时由兼作上剪刃的弯曲凹模 1 与下剪刃 7 将弯曲毛坯与带料切断分离。在第 2 工位由弯曲凸模 6 将弯曲毛坯压入凹模内，完成弯曲加工。在回程时，弯曲完的工件由推杆 2 从凹模内推出。由于工件为单边切断，需防止板材上翘，为此采用了弹压卸料板 3，切断时可将板材压住。挡块除起挡料作用外，还起到平衡单边切断时所产生的侧向力的作用，因此挡块 5 应高出下剪刃 7 足够高度，使工件在接触板材之前先靠住挡块 5。一般弯曲模不需要使用模架，该模具因有冲裁加工，故采用了对角导柱模架。

3. 复合模

对于尺寸不大的弯曲件，还可以采用复合模，即在压力机一次行程内，在模具同一位置上完成落料、弯曲和冲孔等几种不同的工序。图 4.44(a)、(b)分别为切断、弯曲复合模结构简图。图 4.44(c)是落料、弯曲、冲孔复合模，该模具结构紧凑，工件精度高，但凸、凹模修磨困难。

4. 通用弯曲模

对于小批生产或试制生产的零件，因为生产量少、品种多、形状尺寸经常改变，使用专用弯曲模成本高、周期长，而采用手工加工不仅影响零件的加工精度，增加了劳动强度，还会延长产品的制造周期，所以生产中通常采用通用弯曲模。

采用通用弯曲模不仅可以制造一般的 V 形、U 形、四角形零件，还可以制造精度要求不高的复杂形状的零件,图 4.45 所示为多次 V 形弯曲示例。

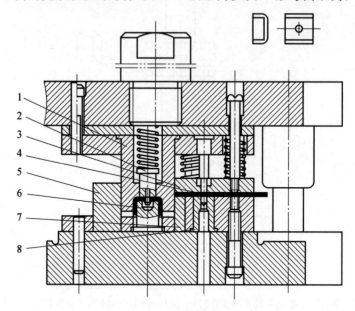

图 4.43　级进弯曲模

1—弯曲凹模;2—推杆;3—弹压卸料板;4—冲孔凸模;5—挡块;
6—弯曲凸模;7—下剪刃;8—冲孔凹模

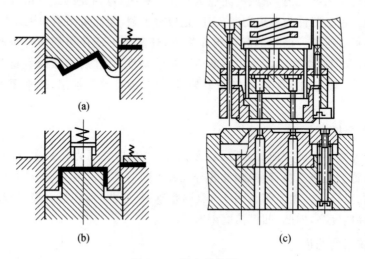

(a)

(b)

(c)

图 4.44　复合弯曲模

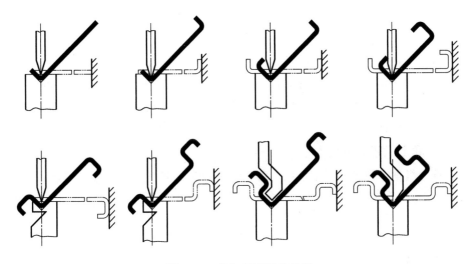

图 4.45　多次 V 形弯曲示例

4.11　航空航天典型零件——飞机托架成形工艺方案编制

图 4.46 所示为飞机托架零件图,材料为 08 钢,是一种常见的冲压钢材。材料强度低,硬度、塑性、韧性较好,易于深冲、拉延和弯曲。厚度为 2 mm,要求零件表面不能有划痕,大批量生产,要求对该零件的冲压模具进行设计。

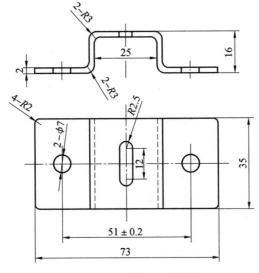

图 4.46　飞机托架零件图

在设计冲压模具前,应先编制其冲压成形工艺方案。

1. 零件与其冲压成形工艺分析

根据零件形状分析,该托架为一帽形件,上下表面有一定的高度差,若能有效利用过弯曲和校正弯曲来控制回弹,则可以得到形状和尺寸较为准确的零件。此外,零件的上下两个平面上都有孔,上平面为圆孔,下平面为腰圆孔,需要采用不同的冲孔模进行冲裁。

2. 确定工艺方案

首先根据零件形状确定冲压成形工序的类型和各工序的顺序。对于该托架来说,基本工序主要包括落料、冲孔和弯曲,其中,冲孔分为冲腰圆孔和冲圆孔,弯曲分为一次弯曲和二次弯曲。现确定该托架的工序组合方式如下:①采用冲孔落料复合模进行下料,冲的孔为腰圆孔;②对外侧的两角进行弯曲并对内侧两角预弯 45°,这里采用弯曲模;③二次弯曲成形,采用弯曲模;④冲两个 $\phi 7$ 孔,采用冲孔模。

因为弯曲工序决定了零件的总体形状和尺寸,因此需要合理选择弯曲方法。在弯曲过程中,为了使得尽量少的面积发生激烈的变形过程,并且避免零件表面较多划痕,故选用两套模具来实现零件的弯曲。由于在弯曲过程中易发生回弹等现象,因此选用如图 4.47 所示的弯曲方法:先在第一个弯曲模上弯曲零件端部的两角,并将中间的两角预弯 45°,然后在第二个弯曲模具上将零件弯曲到位,这样可以实现对于零件回弹的控制,故零件的形状尺寸精度较高。此外,由于成形过程中材料受凸、凹模圆角的阻力较小,零件表面质量也较好,可以达到加工要求。

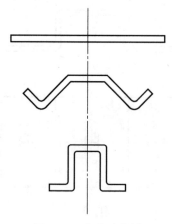

图 4.47　弯曲示意图

3. 主要工艺参数计算

毛坯展开尺寸按照图 4.48 所示分段示意图分段计算,可得毛坯展开长度:

$$L = 2l_1 + 2l_2 + l_3 + 4l_4 \tag{4.29}$$

其中,$l_1 = 19$ mm,$l_2 = 6$ mm,$l_3 = 19$ mm,l_4 按 $\frac{\pi}{2}(r + xt)$ 计算。

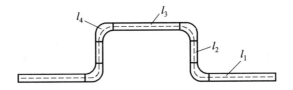

图 4.48　分段示意图

圆周半径 $r = 3$ mm,材料厚度 $t = 2$ mm,中性层位置系数按 $\frac{r}{t}$ 由表 4.12 查取。当 $r = 3$ mm 时,$x = 0.45$。

表 4.12　板材弯曲中性层位置系数

r/t	0.1	0.2	0.25	0.3	0.4	0.5	0.6	0.8	1.0
K_1(V)	0.30	0.33	0.35	0.36	0.37	0.38	0.39	0.41	0.42
K_2(U)	0.23	0.29	0.31	0.32	0.35	0.37	0.38	0.40	0.41
K_3(O)	—	—	—	—	—	0.72	0.70	0.67	0.63
r/t	1.2	1.5	1.8	2	3	4	5	6	8
K_1(V)	0.43	0.45	0.46	0.46	0.47	0.48	0.48	0.49	0.50
K_2(U)	0.42	0.44	0.45	0.45	0.46	0.47	0.48	0.49	0.50
K_3(O)	0.59	0.56	0.52	0.50					

注:K_1(V)、K_2(U)、K_3(O)分别适用于 V 形弯曲、U 形弯曲和卷圆。

将以上数值代入式(4.29)得

$$L = 2 \times 19 + 2 \times 6 + 19 + \frac{4\pi}{2}(3 + 0.45 \times 2) = 93.5 \ (\text{mm})$$

考虑到弯曲时材料略有伸长,故取毛坯展开长度 L 为 93 mm。

对精度要求高的弯曲件,须通过试弯成形后对毛坯长度进行修正,获得准确的展开尺寸。

然后根据零件形状选择合适的排样方案,以提高材料利用率。该零件采用落料与冲孔复合冲压成形,毛坯形状为矩形,长度方向尺寸较大,为便于送料,采取单排方案。

搭边值 a 和 a_1 由表 3.6 查得,$a = 2.0$ mm,$a_1 = 2.2$ mm。排样图如图 4.49 所示。

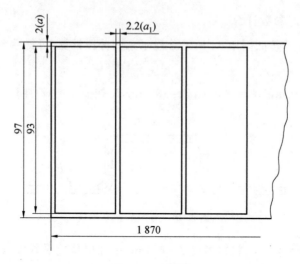

图 4.49 排样图

然后确定板材规格和裁料方式。根据条料的宽度尺寸,选择合适的板材规格,使剩余的边角料越少越好。该零件宽度用料 97 mm,可以选择 2 mm × 410 mm×1 870 mm 的板材。裁料方式既要考虑所选用的板材的规格、冲裁零件的数量,又要考虑冲裁操作的方便性,对于该零件以纵裁下料为宜。

计算材料消耗工艺定额和裁料利用率。根据排样计算,一块钢板可以冲制的零件数量为

$$n = 4 \times 50 = 200(件)$$

材料消耗工艺定额:

$$G = \frac{一张钢板的质量}{一张钢板冲制零件的数量} = \frac{2 \times 410 \times 1\,870 \times 7.8 \times 10^3 \times 10^{-9}}{200} = 0.059\,8\,(kg)$$

材料利用率:

$$\eta = \frac{一张钢板冲制零件数量 \times 单个零件面积}{一张钢板面积} \times 100\% \tag{4.30}$$

将数据代入可得

$$\eta = \frac{200 \times (35 \times 93 - 12 \times 5 - \pi \times 2.5^2)}{410 \times 1\,870} \times 100\% = 82.8\%$$

4. 计算各工序冲压力和选择冲压成形设备

(1)第一道工序——落料和冲孔。

第一道工序冲压力包括冲裁力 F_p、卸料力 F_3 和推料力 F_1,按图 4.50 所示落料冲孔零件毛坯图,该结构采用打杆在滑块快回到最高位置时将工件直接从凹模打出,故不再考虑顶件力 F_2。

冲裁力:

$$F_p = Lt\sigma_b \quad 或 \quad F_p = 1.3Lt\tau \tag{4.31}$$

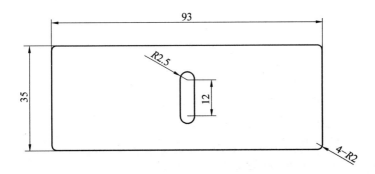

图 4.50 落料冲孔零件毛坯图

式中 L——剪切长度；

t——材料厚度；

σ_b——拉伸强度,查得 $\sigma_b=330$ MPa；

τ——抗剪强度。

剪切长度按图 4.50 所示尺寸计算：

$$L=L_1+L_2 \tag{4.32}$$

式中 L_1——落料长度,mm；

L_2——冲孔长度,mm。

将图 4.50 所示尺寸代入式(4.32)可得

$$L_1=2\times(93+35-4\times2)+2\times2\pi=252\ (\text{mm})$$
$$L_2=12\times2+2\times2.5\pi=40\ (\text{mm})$$

因此,

$$L=252+40=292\ (\text{mm})$$

将以上数值代入式(4.31)可得

$$F_p=Lt\sigma_b=292\times2\times330=192\ 720\ (\text{N})$$

落料卸料力：

$$F_3=K_{卸}\ F'_p=K_{卸}\ L_1t\sigma_b \tag{4.33}$$

式中 $K_{卸}$——卸料力系数,由表 4.13 查取；

F'_p——落料力,N。

表 4.13 卸料力、推件力和顶件力系数

料厚/mm	$K_{卸}$	$K_{推}$	$K_{顶}$
0.1	0.065~0.075	0.1	0.14
0.1~0.5	0.045~0.055	0.063	0.08
0.5~2.5	0.04~0.05	0.055	0.06
2.5~6.5	0.03~0.04	0.045	0.05
>6.5	0.02~0.03	0.025	0.03

将数值代入式(4.33)可得

$$F_3 = 0.045 \times 252 \times 2 \times 330 = 7\ 484\ (N)$$

冲孔推件力:

$$F_1 = nK_{推}\ F_p'' = nK_{推}\ L_2 t\sigma_b \tag{4.34}$$

式中 n——堵塞件数量(即腰圆形废料数),取 $n=4$;

$K_{推}$——推件力系数,查表 4.13 取 0.063;

F_p''——冲孔力,N。

将数值代入式(4.34)可得

$$F_1 = 4 \times 0.063 \times 65 \times 2 \times 330 = 10\ 810\ (N)$$

第一道工序总冲压力:

$$F_z = F_p + F_3 + F_1 = 192\ 720 + 7\ 484 + 10\ 810 = 211\ 014 \approx 211\ (kN)$$

选择冲压成形设备着重考虑的主要参数是公称压力、装模高度、滑块行程、台面尺寸等。根据第一道工序所需的冲压力,选用公称压力为 300 kN 的压力机即可满足需求。

(2)第二道工序——一次弯曲成形(图 4.51)。

第二道工序主要成形的是工件外侧的两角,以及将内侧的两角预弯曲 45°,其中包含压料力、弯曲力等,这些里并不是同时发生或达到最大值的,最初只有压弯力和预弯力,滑块下降到一定位置时开始压弯端部两角,最后进行校正弯曲,故最大冲压力只考虑校正弯曲力 p_2 和压料力 p_y。

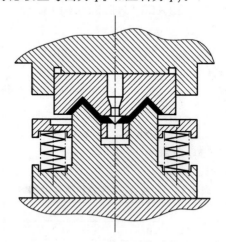

图 4.51 一次弯曲模具结构形式

其中,校正弯曲力:

$$p_2 = Sp \tag{4.35}$$

式中 S——校正部分的投影面积,mm^2;

p——单位面积校正力,MPa,由表 4.14 查得 $p=40$ MPa。

表 4.14 校正弯曲时单位压力 p 值 MPa

材料名称	板材厚度/mm			
	<1	$1\sim3$	$3\sim6$	$6\sim10$
铝	$10\sim20$	$20\sim30$	$30\sim40$	$40\sim50$
黄铜	$20\sim30$	$30\sim40$	$40\sim60$	$60\sim80$
10/15/20 钢	$30\sim40$	$40\sim60$	$60\sim80$	$80\sim100$
25/30 钢	$40\sim50$	$50\sim70$	$70\sim100$	$100\sim120$

结合图 4.46 和图 4.50 所示尺寸计算如下:

$$S=31\times35-(12\times5+2.5^2\pi)=1\,005\ (\text{mm}^2)$$

$$p_2=40\times1\,005=40\,200\ (\text{N})$$

压料力 p_y 为自由弯曲力 p_1 的 $30\%\sim80\%$。

自由弯曲力:

$$p_1=\frac{CKBt^2\sigma_b}{r+t} \tag{4.36}$$

式中 C——与弯曲形式有关的系数,对于 V 形件 C 取 0.6,对于 U 形件 C 取 0.7;

K——安装系数,一般取 1.3;

B——料宽,取 35 mm;

t——料厚,为 2 mm;

σ_b——抗拉强度,为 330 MPa;

r——弯曲半径,为 3 mm。

将上述数据代入式(4.36)得

$$p_1=\frac{0.6\times1.3\times35\times2^2\times330}{3+2}=7\,207\ (\text{N})$$

取压料力 $p_y=50\%p_1$ 得

$$p_y=50\%\times7\,207=3\,603\ (\text{N})$$

则第二道工序总冲压力:

$$p_z=p_2+p_y=40\,200+3\,603=43\,803\ (\text{N})\approx44\ (\text{kN})$$

根据第二道工序所需冲压力,选用公称压力为 200 kN 的压力机完全能够满足使用要求。

(3)第三道工序——二次弯曲成形(图 4.52)。

第三道工序仍需要压料,故冲压力包括自由弯曲力 p_1 和压料力 p_y。

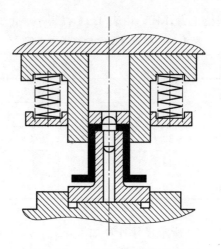

图 4.52　二次弯曲模具结构形式

自由弯曲力和压料力分别为

$$p_1 = \frac{0.7 \times 1.3 \times 35 \times 2^2 \times 330}{3+2} = 8\ 408\ (\text{N})$$

$$p_y = 50\% p_1 = 10\ 192 \times 50\% = 4\ 204\ (\text{N})$$

则第三道工序总冲压力：

$$p_z = p_1 + p_y = 8\ 408 + 4\ 204 = 12\ 612\ (\text{N})$$

第三道工序所需的冲压力很小，若单从这一角度考虑，所选的压力机太小，滑块行程不能满足该工序的加工需要。故该工序宜选用滑块行程较大的 400 kN 的压力机。

（4）第四道工序——冲两个 $\phi 7$ 孔（图 4.53）。

第四道工序需要压料和顶料，其冲压力包括冲裁力 F_p、卸料力 F_3 和顶件力 F_2，计算冲裁力：

$$F_p = Lt\sigma_b = 2 \times 7\pi \times 2 \times 330 = 29\ 014\ (\text{N})$$

卸料力和顶件力分别为

$$F_3 = K_{卸}\ F_p = 0.045 \times 29\ 014 = 1\ 306\ (\text{N})$$

$$F_2 = K_{顶}\ F_p = 0.06 \times 29\ 014 = 1\ 741\ (\text{N})$$

其中系数 $K_{卸}$、$K_{顶}$ 由表 4.13 查取。

则第四道工序总冲压力：

$$p_z = p_p + p_3 + p_2 = 29\ 014 + 1\ 306 + 1\ 741 = 32\ 061\ (\text{N}) \approx 32\ (\text{kN})$$

从该工序所需的冲压力考虑，可选用公称压力为 40 kN 的压力机，但是该工件高度大，需要滑块行程也相应要大，故该工序选用公称压力为 250 kN 的压力机。

（5）模具结构确定。

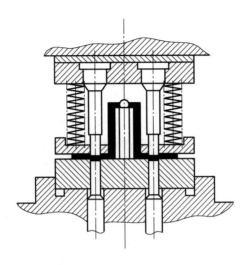

图 4.53　冲孔模具结构形式

以第一道工序为例,计算凹模的外形大小,由凹模高度和壁厚的计算公式得凹模高度:

$$H = Kb = 0.28 \times 93 = 26.04 \text{ (mm)} \tag{4.37}$$

式中　K——系数,见表 2.2;

　　　b——冲裁件最大长度。

凹模壁厚:

$$C = (1.5 \sim 2)H = 45 \text{ (mm)}$$

根据式(2.1),按照固定卸料方式计算凸模长度,凸模总长:

$$L = h_1 + h_2 + h_3 + h = 20 + 20 + 1.2 + 2 = 43.2 \text{ (mm)}$$

4.12　航空航天中的弯曲新技术及智能制造

4.12.1　飞机薄壁类导管数控弯曲成形技术

通过对薄壁导管弯曲过程进行数学建模分析,可以对弯曲过程中的变形量进行分类模拟,利用可以测量的导管受力数值数据,分析计算出薄壁类导管弯曲后的变形量,并对引起变形量的主要因素进行分析,给出了对弯曲变形量进行控制的方法。通过对管材弯曲过程中的不同弯曲变形部分建立起弯曲的解析模型,利用测量得到的变形量来计算回弹的大小,推导出回弹角的计算公式,分析管材规格、材料对回弹大小的影响规律,基于塑性变形理论推导出变形的具体计算公式,并通过实验进行验证。

通过 Abaqus 软件对导管弯曲过程建立数学模型分析,并通过有限元分析找出对弯曲过程影响较大的因素,主要包括模具的结构设计、模具安装位置以及导管与模具之间的作用力等,结合这些主要影响因素进行分析优化。也可以通过运用软件 Marc 对导管弯曲成形整个过程进行计算分析,得出选用不同参数对弯管质量的影响规律,减少弯曲起皱、裂纹、畸变等缺陷的发生,并可预测起皱的极限及失稳现象,提高弯管质量。图 4.54 所示为 BMZ12 单头数控弯管机。

图 4.54　BMZ12 单头数控弯管机

通过实验研究的方法总结出回弹变形量与塑性变形之间的变化规律,并用软件模拟出塑性变形对回弹变形量的影响,并与实验值进行比对,验证了其分析的正确性,对研究材料回弹变形量有一定的指导作用。通过研究材料在弯曲过程中回弹变形与塑性变形的规律对回弹变形进行预测,并对其值进行模拟,经实验验证其精度可以保证理论要求,可以得出塑性变形对研究回弹变形的影响,并通过建立数据库收集相关数据进行集合优化。

采用数据库来对弯管过程进行实时监控也是一种发展趋势,通过当前选取的材料进行数据库比对,确定出适合加工的参数,并与数控弯管机实现数据库共用。在加工的各个阶段运用传感器来测定工艺参数,进行实时调整,改善零件加工质量,实现动态监控。通过不同参数加工得到的零件质量,分析其产生的缺陷,反馈给数据库进行工艺参数的调整,在后续加工中选取最优的工艺参数。

通过加强基础工艺研究,综合应用先进技术,国外发展了自动化程度高、质量稳定、废品率低、精度高、周期短的先进数控弯管工艺,用于大批量、高质量地生产各种类别的导管类零件。目前,数控弯管在美国波音、欧洲空客等已经是很成熟的技术,提高了此类零件加工的质量,为大批量生产提供了前提,促进了生产效率,推动了飞机制造水平的发展。由于弯管精度要求越来越高、先进的高强度材料的广泛应用、截面直径及空间结构复杂度的增加,加大了管件的制造难度,因此,在管件的设计制造过程中,应用有限元技术、数字化技术已成为发展趋势。

中航西飞拥有大型数控弯管设备。经过多年的生产研制,西飞公司在数控弯管方面积累了一定的经验,但还需进一步研究。西北工业大学飞机钣金专业在弯管、拉弯等工艺方面积累了许多经验,在钣金数字化系统研究方面建立了结构先进、功能完善的弯管工艺系统,实现了数控弯管机对设计工艺参数的优化控制,是数控弯管制造技术中的创新应用,为弯管数字化制造系统的建立提供了理论指导和方法参考。

在航空航天工业中,存在大量精密、小直径、低硬度的线缆,此时现有的数控弯管设备无法进行成形生产,目前只有依靠人手工弯曲成形,生产效率及成功率极低,因此需要对数控弯管设备进行创新设计,使其可以满足新的要求。

4.12.2　用于航空航天难变形材料构件的激光弯曲成形技术

随着航空航天竞争的越发急迫,航空器开始采用新型材料,比如钛合金。然而,钛合金在室温下塑性差,冷成形困难,虽然可采用加热成形技术,但加工周期长、成本高。随着激光技术的发展,特别是大功率工业激光器制造技术的日益成熟,激光作为一种"万能"工具,已应用于材料的切割、焊接、弯曲变形和表面改性处理等领域,其中板材激光弯曲成形技术已较为成熟,广泛应用于各种碳钢、不锈钢、合金有色金属以及金属基复合材料的弯曲成形,替代了部分零件的冲压工业。

激光弯曲成形是一种新兴的塑性加工方法,具有高效、柔性、洁净等特点。它是基于材料的热胀冷缩特性,利用高能激光束扫描金属板材表面时形成的非均匀温度场导致的热应力来实现塑性变形的工艺方法,激光弯曲成形过程如图4.55所示。与传统的金属成形工艺相比,它不需要模具和外力,仅仅通过优化激光加工工艺、精确控制热作用区内的温度分布,从而获得合理的热应力分布,使板材最终实现无模成形。激光束的大小和能量精确可控,特别适用于冷加工难以成形的硬且脆,或刚性大的材料,比如陶瓷、钛合金等。将激光成形技术用于钛合金板材成形可充分发挥该技术的独特优势,在航空航天领域新品的研制中发挥重要作用。

激光弯曲成形技术是通过各项参数的优化来精确控制板材的弯曲程度,它具有传统的塑性成形方法无可比拟的优点。①采用激光源作为成形工具,无须任何形式的外力,因其是一种仅靠热应力而不用模具使板材变形的塑性加工方法,属于无外力成形。②属于无模成形,生产周期短,柔性大,可不受加工环境限制,通过优化激光加工工艺参数,精确控制热作用区域以及热应力的分布,将板材无模成形。因不受模具限制,可轻松进行复合成形和制作各类异形件,克服了

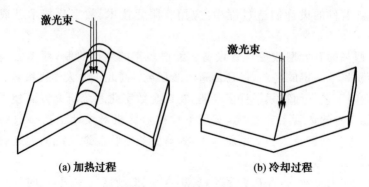

图 4.55　激光弯曲成形过程

传统的模具弯曲所带来的成本高和生产周期长的缺点。③加工过程中无外力接触,不存在模具制作、磨损和润滑等问题,也不存在贴膜、回弹现象,成形精度高,适用于精密仪器的制造。④激光弯曲属于热态累积成形,总变形量由激光束的多次扫描累积而成,这就使得一些硬而脆的难变形材料(比如钛合金、陶瓷、铸铁等)的塑性加工易于进行,可用于许多特种合金和铸铁件的弯曲变形。⑤对激光模式无特殊要求,易于实现成形、切割、焊接等激光加工的复合化,特别适用于大型单件及小批量生产。⑥可使板材通过复合成形得到形状复杂的异形件(如球形件、锥形件和抛物形件等)。⑦成形过程无噪声、无污染,属于清洁、绿色制造范畴,具有被加工材料消耗少、参数精度控制和高度自动化等特性。

4.12.3　航空航天构件的弯曲智能化

近年来,随着人工智能、控制科学、大数据互联网等技术的快速发展,航空航天工业作为国家实力的体现,如何将这些技术融入航空航天构件的生产制造当中是当下研究的热点与重点。弯曲成形智能化制造过程由三个要素组成,分别是弯曲过程实时监测、弯曲参数实时识别及实时预测、最优行程实时控制。航空航天构件有许多是利用弯曲工艺来制造的,下面以弯曲工艺智能化为例进行讲解。

1. 弯曲过程实时监测

在板材 V 形自由弯曲的智能化控制过程中,易于监测的物理量是弯曲力和弯曲行程。因此,可以通过对弯曲力和弯曲行程的实时监测,实时识别出材料的性能参数,进而预测出最优的工艺参数——弯曲行程,并通过对弯曲行程的实时控制来实现对弯曲回弹的控制。

在板材弯曲智能化控制系统中,实时监测部分主要由传感器、A/D 卡、工控机及采集/记录/显示程序组成,能够反映弯曲过程特征的两个物理量——弯曲行程和弯曲力,被位移传感器和压力传感器转换成电压信号 V_h 和 V_p。两个电压信号经 A/D 卡(6062E1)将模拟量转换为数字量输入计算机。计算机内设置的记录显示程序将上述两个物理量以数据文件的形式自动保存到计算机内,并随着弯曲过程的进行在显示器上实时显示出 $p-h$ 变化曲线。

2. 弯曲参数实时识别及实时预测

在板材弯曲成形智能化的控制过程中,参数的识别及预测目前主要有两种方法:一种是采用解析模型,对非线性参数进行曲线拟合,并将非线性优化算法作为在线识别的算法。但是,由于塑性加工的复杂性和不可预见性,许多问题的变化规律很难用数学模型表达,即使能够表达,在处理过程中也存在着许多假设,使得解析模型和实际问题之间存在着较大误差,如目前现有的弯曲理论解析的精度与实际相比误差就比较大。此外,由于非线性优化均基于迭代计算,故该方法只能实现在线识别,不能实现实时识别。另一种是可以实现实时识别和预测的神经网络模型。虽然神经网络与经典计算方法相比并非优越,但当常规方法无法解决或效果不佳时,神经网络就显示出其优越性。尤其是对问题的机理等规律不甚了解或不能用数学模型表示的系统,神经网络往往是最有力的工具。神经网络对处理大量原始数据而不能用规则或公式描述的问题表现出极大的灵活性和自适应性。目前,神经网络技术在塑性加工中的应用越来越广泛。

(1)材料性能参数的实时识别。

神经网络识别模型的作用是利用易于监测的物理量实时识别出材料的性能参数和工况参数。在板材 V 形自由弯曲过程中,易于监测的物理量是弯曲行程 h 和弯曲力 p。但同时影响弯曲过程的因素还有板材厚度 δ、凸模圆角半径 r_p、凹模圆角半径 r_d 和凹模跨度 l_d(摩擦系数对板材 V 形自由弯曲过程的影响非常小,可以忽略),因此将上述参量作为网络的输入变量,将材料性能参数(硬化指数 n、强度系数 B、各向异性参数 R、弹性模量 E 和泊松比 ν)作为模型的输出量。

(2)最优工艺参数的实施预测。

在预测模型中,输出为最优弯曲行程 h_{a0},影响最优弯曲行程的因素除了实时识别得到的材料性能参数(n、B、R、E 和 ν)外,还有板材厚度 δ 及目标弯曲角 α_0。因此,输入参数为 n、B、R、E、ν、δ 及 α_0,最优工艺参数预测的神经网络模型如图 4.56 所示。网络的输入样本数据和输出的真实值均采用数值模拟和实验相结合的方法提供。

3. 最优行程实时控制

板材弯曲的目的是要得到具有一定几何精度的弯曲件,这一精度受到回弹的影响。由于目标弯曲角与弯曲行程呈线性关系,因此在板材 V 形自由弯曲的智能化控制过程中,通过控制弯曲行程来控制目标弯曲角,从而达到控制弯曲件精度的目的。在控制系统中,实时控制部分主要由计算机、控制程序、D/A 卡

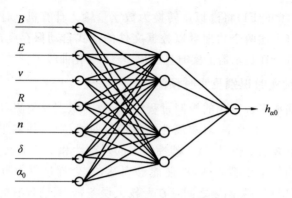

图 4.56　最优工艺参数预测的神经网络模型

(6062E2)、三位四通电磁换向阀、控制器及相关模块等组成。控制系统以弯曲行程作为反馈信号,按预测模型所给出的最佳工艺参数发出控制信号,D/A 卡将控制电压信号的数字量转换成模拟量后进入三位四通电磁换向阀,使换向阀动作,达到控制弯曲行程的目的。

习　　题

4.1　弯曲变形的过程是怎样的?

4.2　弯曲变形有何特点?

4.3　什么是最小相对弯曲半径?

4.4　影响最小相对弯曲半径的因素有哪些?

4.5　影响板材弯曲回弹的主要因素是什么?

4.6　弯曲工艺对弯曲毛坯有什么特殊要求?

4.7　弯曲模的设计要点是什么?

4.8　常用弯曲模的凹模结构形式有哪些?

第5章 拉深工艺

拉深工艺是应用最为广泛的冲压成形方法之一,其不仅可成形简单形状的零件,也可成形复杂形状的零件,而且拉深工艺的生产效率高、拉深件的尺寸精度较高、强度与刚度大、材料利用率高。因此,拉深工艺在汽车、飞机、轮船、电器、仪表、化工、军工等领域以及日常生活用品中的应用非常广泛。拉深工艺可在普通的单动压力机上进行较浅工件的拉深,也可在专用的双动、三动拉深压力机或者液压压力机上进行。

5.1 拉深的定义及特点

拉深又称为拉延,是在压力机的作用下,利用拉深模将平板坯料或空心工序件制成开口空心工件的加工方法,是冲压基本工序之一。用拉深工艺可以制造筒形、阶梯形、锥形、球形、盒形和其他不规则形状的薄壁零件,与翻边、胀形、扩口、缩口等其他冲压成形工艺配合,还能用于制造形状极为复杂的零件,达到工件结构复杂合理且成本低廉的效果。

拉深可分为普通拉深(又称为不变薄拉深)和变薄拉深。普通拉深不考虑拉深前后材料厚度的变化,同时在进行加工工艺和制作模具时认为厚度近似不变。而变薄拉深后,工件的壁厚会明显变薄,一般用来生产薄壁空心工件。

拉深件类型示意图如图 5.1 所示,可分为旋转体拉深件、盒形件和不对称拉深件三种。不同形状的拉深件在拉深过程中的应力—应变状态和分布规律、变形区域、变形位置等属性都有着不同之处。所以,需要根据拉深件的种类来确定其具体的工艺顺序与工艺参数。

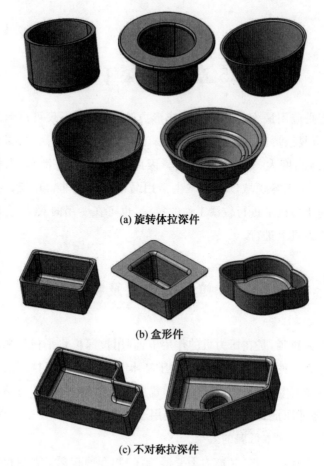

(a) 旋转体拉深件

(b) 盒形件

(c) 不对称拉深件

图 5.1　拉深件类型示意图

5.1.1　拉深变形过程

拉深阶段示意图如图 5.2 所示,拉深的过程一般分为三个阶段:拉深初始阶段、拉深中间阶段和拉深结束阶段。拉深初始阶段时,压边圈与凹模一起对板材的边缘位置施加压边力;拉深中间阶段,凸模由压力机驱动继续向下移动并与板材接触,使板材凸缘区发生塑性变形,在凸模压力的作用下,进入筒壁,最终完成拉深。

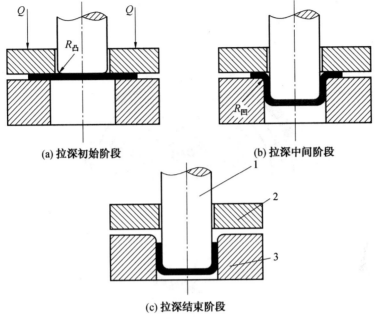

(a) 拉深初始阶段　　　　　(b) 拉深中间阶段

(c) 拉深结束阶段

图 5.2　拉深阶段示意图

1—凸模；2—压边圈；3—凹模

5.1.2　拉深时的材料流动

在拉深过程中，毛坯从板材变为空心工件，其形状和尺寸都发生了很大的变化。所以，被拉深的材料必须具有一定的塑性，同时，模具与压边圈作用于板材的力需要使板材产生塑性变形，才能使材料产生流动，从而完成拉深工序。

在研究中，可以使用拉深工艺网格实验来探究拉深工艺中金属的流动情况。如图 5.3(a) 所示，拉深前在毛坯上画一些由等间距的同心圆和等角度的辐射线组成的网格，然后进行拉深，通过比较拉深前后网格的变化(图 5.3(b))，可以看出拉深后桶底的网格变化不明显，而侧壁上的网格变化很大，拉深前等间距的同心圆变成了与桶底平行的非等间距水平圆周线，越靠近顶部，圆周线的间距越大。

同样，拉深前等角度的辐射线则变成了等间距且垂直于底部的平行线，扇形网格则变成了等宽度的矩形，且越接近顶部，矩形的高度越大。对筒形件的高度进行测量会发现，其高度大于环形部分的半径差值，说明材料沿高度方向发生了流动。

由以上实验可以看出，在拉深的过程中，毛坯的中心部分成为筒形件的底部，基本不发生变形。而凸缘部分为主要变形区，其中扇形网格被径向拉长、切向压缩成为矩形单元,过程中的应力状态如图 5.3(c)所示,具体表现则是凸缘部位的材料产生流动成了筒壁部分。

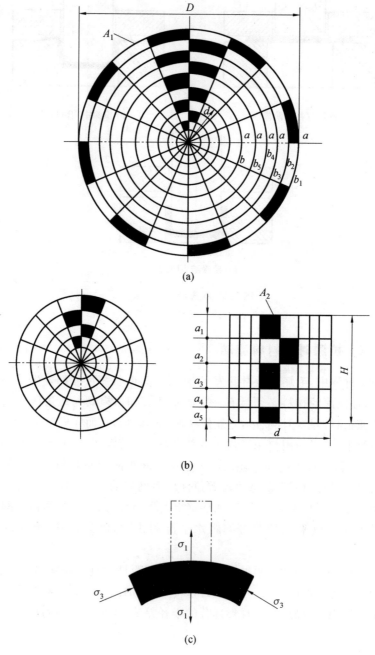

图 5.3　拉深工艺网格示意图

5.1.3　拉深变形的特点

与其他冲压成形工艺相比,拉深的变形具有以下特点。

(1)凸缘部分为主要变形区。

(2)变形区切向受压缩短,径向受拉伸长。

(3)壁部厚度不均匀,靠近凸模圆角处变薄最为严重。

(4)拉深件各部分硬度不同,越接近筒形件底部,硬度越低。

5.2　拉深工艺在航空航天中的应用

航空航天上存在大量的拉深零件,例如,飞机、火箭上的各类筒形件、盒形件、球形件、抛物线形零件、锥形件、盆形件、气瓶和压力容器的端盖等。

整流罩是运载火箭发动机的关键零件之一,主要作用是导流,其产品质量及性能的优劣直接影响到发动机的可靠性。图 5.4 所示为充液拉深未切割整流罩类零件,其表面质量得到了有效提升,解决了传统落压工艺的多道拉深工序、多道次退火及多道次敲修导致的零件变形与表面质量差等问题,从而保证零件在生产过程中表面质量和成形精度的控制。

图 5.4　充液拉深未切割整流罩类零件

图 5.5 所示为航空发动机高锥体零件,其筒部直径为 $\phi 350$ mm,法兰直径为 $\phi 450$ mm,锥头高度为 200 mm,总高度为 445 mm,厚度为 0.8 mm,该零件技术要求最大减薄不大于 15%,轮廓度为 0.3 mm。从零件结构可以看出,其头部为弧锥段,下部为直锥段,而且留有法兰,成形过程中悬空段长,变形区材料流动剧烈,容易发生减薄过大以至破裂,且悬空段控制不当也极易发生起皱。

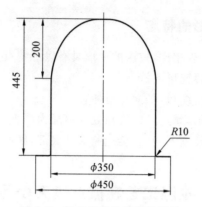

图 5.5 航空发动机高锥体零件

航空发动机运行过程中,该零件在高温下受一定载荷,设计要求该零件的减薄要小,刚度、强度要高。因此,实际生产中采用充液拉深技术制造该类零件,其工艺过程为下料—充液拉深—切割法兰。

图 5.6 所示为采用充液拉深工艺制造的航空发动机高锥体零件,成形出的零件无起皱、无破裂,表面质量优良,最大减薄率约为 13.8%,且壁厚均匀、回弹小。

图 5.6 采用充液拉深工艺制造的航空发动机高锥体零件

火焰筒作为发动机燃烧室的主要构件,是组织燃烧的场所。其一般采用的工艺为条形毛坯滚弯成直筒形状、焊接、刚体瓣模胀形,该工艺的优点在于节约材料,缺点在于火焰筒侧壁存在焊缝,导致该处强度相对较低,经常出现质量缺陷,在使用过程中,相对于零件其他部分经常发生疲劳失效而提前破坏。此外,由于胀形成形时材料变形小,零件成形后回弹难以控制,所以尺寸精度误差较大。

图 5.7 所示为采用拉深工艺制造的 GH163 镍基高温合金火焰筒,该成形件表面质量良好,尺寸精度高,无起皱及破裂等缺陷。

图 5.7　采用拉深工艺制造的 GH163 镍基高温合金火焰筒

5.3　筒形件拉深变形过程

5.3.1　筒形件拉深时的应力－应变状态

图 5.8 所示为拉深过程中各区域应力－应变状态。根据应力－应变状态的不同,可以将拉深过程中的变形区域分为五个部分。其中,σ_1、ε_1 分别表示径向的应力和应变;σ_2、ε_2 分别表示轴向(厚度方向)的应力和应变;σ_3、ε_3 分别表示切向的应力和应变。

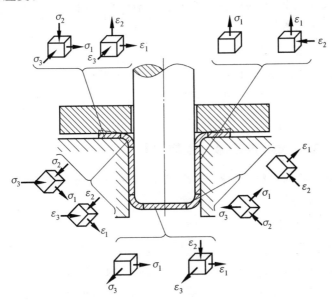

图 5.8　拉深过程中各区域应力－应变状态

1. 平面凸缘部分

平面凸缘部分是拉深过程中的主要变形区域。在拉深过程中,轴向由于压边力受到压应力 σ_2,径向则受到拉应力 σ_1,切向受到压应力 σ_3。没有压边圈时,$\sigma_2 = 0$。

2. 凸缘圆角部分

凸缘圆角部分属于凸缘与筒壁部分的过渡变形区。拉深过程中,这一区域径向受到拉应力 σ_1 的作用,而切向则受到压应力的作用。同时,由于凹模圆角会对材料产生压力与弯曲作用,这一部分还会受到轴向的压应力 σ_2,该压应力的大小与凹模圆角的半径呈负相关关系,即凹模圆角半径越小,轴向压应力越大,产生弯曲开裂的可能性就越大。

3. 筒壁部分

筒壁部分的材料已经成为筒形,基本不再发生变形,但是这部分还负责将凸模产生的拉深力传递到凸缘部分。因此,这部分的材料需要承受径向的拉应力作用。

4. 底部圆角部分

底部圆角部分属于筒底部分与筒壁部分的过渡变形区,同时承受切向和径向的拉应力,同时,由于受到凸模的压力,该部位也会承受轴向的压应力。在这些应力的共同作用下,该部位材料变薄程度最严重,最容易发生断裂,所以该部位是拉深过程中的危险断面。

5. 筒形件底部

筒形件底部将凸模施加的拉深力传递给筒壁,受到双向拉应力的作用,变形属于双向拉深,厚度变薄。但由于摩擦力的因素,该部位实际变形量非常小,可以忽略不计。

5.3.2 影响筒形件拉深过程的因素

拉深系数主要与材料力学性能、凸/凹模圆角半径、摩擦和润滑条件、板材相对厚度、拉深次数、拉深方式、拉深速度等有关。

1. 材料力学性能

材料力学性能对拉深系数的影响是最基本的。一般来说,材料组织均匀,晶粒大小适当,材料塑性好(即材料的伸长率和断面收缩率大),则材料的拉深系数可小些。材料的屈强比 σ_s/σ_b 小,则拉深时凸缘变形区的塑性好,变形抗力低,材料的抗拉强度高,拉深系数也可以取得小些。对于拉深件,一般选用含碳量低的08、08F、10、10F钢及塑性好的铝、铜等有色金属。

2. 凸、凹模圆角半径

凸模圆角半径太小,则增大了材料绕凸模弯曲的拉应力,削弱了危险断面的强度;凹模圆角半径太小,则增大了材料在凹模圆角处的滑动阻力,使毛坯侧壁的拉应力增大,故要减小拉应力,否则容易被拉裂。凸、凹模圆角半径过大,则增大了材料的悬空面积,容易产生起皱失稳。因此,在保证零件不起皱的前提下,尽量取较大的凸、凹模圆角半径。

3. 摩擦和润滑情况

凹模和压边圈与材料接触的表面应当光滑,润滑条件要好,以减小摩擦阻力和筒壁传力区的拉应力。而凸模端面不宜太光滑,也不宜润滑,以减小凸模与材料的相对滑动,降低危险断面变薄破裂的危险。

4. 板材相对厚度

板材相对厚度 t/D 越大,拉深时抵抗失稳起皱的能力越大,因而可减少压料力,减小摩擦阻力,有利于减小拉深系数;反之,拉深系数应取得大些。

5. 拉深次数

需要多次拉深成形的零件,板材在拉深后,材料将产生冷作硬化现象,导致其塑性降低,故第一次拉深时的拉深系数取值最小,以后各道工序依次增大。但是前道拉深后经过热处理退火的,后道的拉深系数可以取较小值。

6. 拉深方式

有压边圈时,因不易起皱,拉深系数可取得小些。不用压边圈时,拉深系数要取大些。不过,使用压边圈时,压边力太大会增加拉深阻力;压边力过小,在拉深时会起皱,使得拉入凹模的阻力增加,甚至拉断,所以压边力大小要合适。

7. 拉深速度

一般情况下,拉深速度对拉深系数的影响不大,但对于复杂大型拉深件,由于变形复杂且不均匀,因此若拉深速度太快,会使零件的局部变形加剧而导致拉裂。另外,对拉深速度敏感的金属,如钛合金、不锈钢、耐热钢等在采用较大的拉深速度时,拉深系数应适当增大。

5.3.3　筒形件拉深质量问题及防止措施

拉深中间阶段,由于板材各个部分的应力状态都有所区别,所以每个部位的应变状态和失效形式都会有所不同。一般而言,拉深中间阶段会出现的失效形式有以下几种。

1. 起皱

起皱是指在拉深时,凸缘部分存在的切向压应力达到一定程度,板材切向失稳而拱起,在凸缘四周沿切向产生波浪形的连续弯曲皱褶,拉深起皱如图 5.9 所示。起皱产生的主要原因是拉深过程中主要变形区产生的切向压应力过大,超过其所能承受的临界压应力。

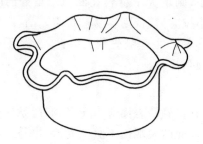

图 5.9　拉深起皱

　　如果出现起皱,会对拉深件的质量产生很大的影响。如果拉深件产生轻微褶皱,如图 5.10(a)所示,起皱部分材料仍旧会被拉入凹模,导致筒壁部分产生褶皱,影响拉深件的质量,也会导致模具与板材之间的摩擦力增大,从而减少模具寿命;若是产生严重褶皱,如图 5.10(b)所示,由于褶皱部分无法被拉入凹模,因此板材受到过大的拉应力,产生拉裂状况。

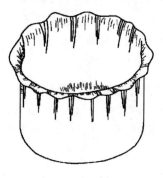 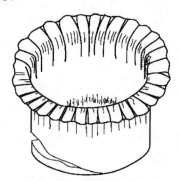

(a)产生轻微褶皱会影响质量　　　　(b)产生严重褶皱会导致拉裂

图 5.10　褶皱失效示意图

　　(1)影响拉深件是否出现起皱现象的因素。

　　①板材相对厚度 t/D。

　　主要变形区的材料失稳和杆的失稳原理相似,t 为板材的厚度,D 则为板材的直径。凸缘部分的相对厚度 t/D 越大,那么材料抗失稳的能力就越好,就越不容易起皱;反之,若 t/D 的值越小,板材就越容易产生起皱。

　　②拉深系数 m。

　　拉深系数 m 是指拉深后筒形件的直径和拉深前板材毛坯或筒形件半成品的直径的比值,即

$$m_n = \frac{d_n}{d_{n-1}} \qquad (5.1)$$

式中　m_n——第 n 次的拉深系数；

　　　d_n——第 n 次拉深后筒形件的直径；

　　　d_{n-1}——第 $(n-1)$ 次拉深后筒形件的直径。

m_n 的值越小，则说明拉深件的变形程度越大。同时，拉深时的切向压应力 σ_3 的大小与变形程度呈正相关关系。所以说，拉深系数越小，越容易起皱。

③材料力学性能。

材料的弹性模量 E 越大，其抵抗失稳的能力就越强，拉深过程就越不容易起皱。除此之外，材料的屈强比 σ_s/σ_b 越小，屈服强度越低，变形抗力平均值越小，变形区内的切向压应力也相对减小，材料更不容易起皱。板厚各向异性系数大于 1 时，板材在宽度方向上的变形更加容易，材料更倾向于在平面上流动，所以更不容易起皱。

④拉深模工作部分的几何形状和参数。

与普通的平端面凹模相比，采用锥形凹模拉深时，允许用相对厚度较小的板材毛坯而不导致起皱。用锥形凹模拉深时，毛坯的过渡形状与平面环形凹模相比会有更大的抗失稳能力，可以减少起皱的趋向。

(2)防止起皱的措施。

①设置压边圈。

使用压边圈对板材施加合适的压力，迫使板材在压边圈与凹模的间隙中流动，增加材料的稳定性，可以有效防止起皱发生。

②合适的板材状态（σ_s 和 σ_s/σ_b 小、t/D 较大）。

如前面提到的，材料的力学性能和拉深系数的选择对拉深起皱会产生巨大的影响，选择合适的材料以及拉深系数，即选择 σ_s 和 σ_s/σ_b 较小以及拉深系数较大的材料，可以在一定程度上减少起皱。

③采用反拉深方法。

采用反拉深时，毛坯与凹模的接触面相较于正拉深更大，因而板材沿凹模流动的摩擦阻力和变形抗力显著增大，从而使切向压应力减小，起到有效的防皱作用。但是当毛坯外缘流经凹模入口圆角时，摩擦阻力已经显著减小，所以大直径的薄板拉深仍需要采用压边圈来避免起皱。

④选择适当的拉延筋。

对于一些比较复杂的工件，尤其是法兰较小的拉深件，应加拉延筋来控制板材各段流入凹模的阻力，即调整板材周边各段的径向拉应力。在拉深开始前，能有效地减少切向压应力，板材周边的材料被拉延筋压弯变形。板材沿拉延筋表面流入凹模时产生摩擦阻力和弯曲变形，使径向压应力增大，切向应力相应地减小。

2. 拉裂

拉裂示意图如图 5.11 所示,拉裂是指拉深过程中危险断面处,即底部圆角部分发生破裂的现象。当危险断面处材料所受拉应力超过该处材料的抗拉强度时,就会发生拉裂现象。

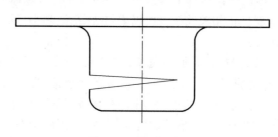

图 5.11　拉裂示意图

前面提到的起皱现象并不意味着拉深进行到了材料所能承受的极限,通过增加压边圈等手段还可以继续进行变形,而变形程度的提高意味着变形力的增加,当变形力超过危险断面的承受极限时,将会发生拉裂,所以危险断面的承受能力是拉深是否能够顺利进行的决定性因素。

发生拉裂的影响因素以及预防措施。

(1)压边力。

当压边力增大时,板材在凸缘处的摩擦力就会增加,过大的摩擦力可能会导致拉裂。所以在设置压边力时,只需要在保证不起皱的条件下,尽量减小压边力。

(2)相对圆角半径。

由实验可以得出,当凹模的相对圆角半径 $\frac{r_d}{t} < 2$ 时,可能会导致板材在凹模圆角处破裂,很大程度上减小了拉深的极限变形程度;而当凸模的相对圆角半径 $\frac{r_d}{t} < 5$ 时,其相对圆角半径对极限变形程度的影响较大,反之则影响不大。因此,凹模或凸模的相对圆角半径越大,零件越不容易产生拉裂现象。

(3)润滑。

在拉深过程中,润滑起到了很大的作用。在凹模部分,润滑可以减少凹模凸缘处材料流动的阻力。但是在凸模凸缘部分,可能会导致材料流动变薄,从而增加拉裂的风险。

(4)凸模和凹模之间的间隙。

为了减小拉裂的可能性,一般会采用比板材毛坯厚度小 10% 的冲裁模间隙。

因为较小的间隙可以使包在凸模头部的材料提前成形,同时该处的摩擦阻力增大,减少了拉裂的可能性;此外,在变薄的区域,凸模与板材间有较大的摩擦力,可以增加材料向拉深方向流动的趋势。但如果冲裁模间隙太小,则会因为材料厚度减薄太多而导致拉裂的可能性增加。

(5)模具与毛坯的表面粗糙度。

模具与毛坯的表面粗糙度对拉深的影响与润滑的影响原理相似:表面越粗糙,拉深变形的阻力就越大,反之则越小。可以根据实际的工程需要来选择合适的表面粗糙度,并配合施加相应的润滑措施来满足拉深工序的需求。

3. 凸耳

由于板材在平面方向存在各向异性,在拉深后的筒形件工件口处会出现高低不平的现象,称为凸耳,筒形件拉深凸耳示意图如图 5.12 所示。一般情况下,凸耳有 4 个,有时也会出现 2 个或 6 个。

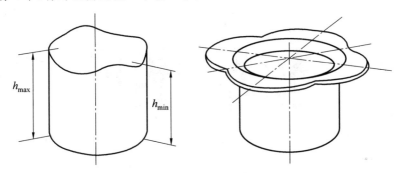

图 5.12 筒形件拉深凸耳示意图

凸耳的产生与板材的厚度方向性系数 r 直接相关,r 值低的方向,板材沿厚度方向更容易变形,拉深时易于增厚,筒壁高度较低;反之,r 值高的方向,板材沿厚度方向更不容易变形,拉深时难以增厚,筒壁高度更高。

要消除凸耳对拉深件的影响,就需要对筒形件进行修边。设置修边余量大于 $h_{max} - h_{min}$,将凸耳切去。

4. 时效开裂

在拉深后的金属组织中若含有氢或残余应力,那么拉深件在受到震动或撞击,甚至存放一段时间后会出现口部开裂现象。这种现象称为时效开裂。

预防时效开裂的方法主要有三种。

(1)拉深后及时修边。

(2)拉深过程中及时退火。

(3)多次拉深时在口部留一个宽度较小的凸缘边。

5.3.4 首次拉深之后的方法和特点

当拉深件不能一次拉深制成时,就需要采用多次拉深工艺,即使用以前拉深得到的半成品为毛坯进行拉深,逐渐减小筒形件的直径,增大筒形件的高度,最终得到成品。

之后的拉深一般分为两种方法:正拉深和反拉深。正拉深与反拉深示意图如图 5.13 所示,正拉深是指拉深方向与前一次拉深方向一致的拉深,是常用的拉深方法;而反拉深则是指拉深方向与前一次拉深相反,工件的内外表面发生了互换。

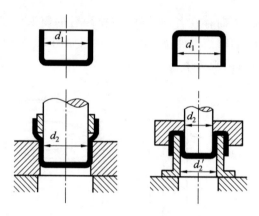

图 5.13 正拉深与反拉深示意图

与正拉深相比,反拉深有以下特点。

(1)因为反拉深的材料流动方向与前次拉深相反,所以可以更好地抵消拉深时产生的残余应力。

(2)反拉深时,材料的弯曲和反弯曲次数较少,加工硬化较少,更加利于成形。正拉深时,压边圈圆角部的材料流向了凹模的圆角处,内圆弧变为了外圆弧;反拉深过程中内圆弧处的材料会一直位于内圆弧处。

(3)反拉深时,毛坯与凹模的接触面积更大,材料流动阻力也更大,更加不容易起皱,所以在反拉深时可以不使用压边圈或者使用较小的压边力。

(4)反拉深时使用的压边力比正拉深大 20% 左右。

(5)反拉深的拉深系数不能太大,否则凹模壁厚过薄,强度不足。

一般来说,反拉深主要应用于板材较薄的大、中型尺寸零件的拉深。反拉深过后的圆筒最小直径为 $(30\sim90)t$,圆角半径大于 $(2\sim6)t$。

同样,不管是正拉深还是反拉深,进行多次拉深工艺时,后续拉深与首次拉深相比也有很多不同之处。

（1）首次拉深时,板材的厚度与力学性能都是均匀的,但是在后续的拉深过程中,筒壁的材料分布和力学性能都发生了一定的变化,而且毛坯需要经过两次弯曲才能被拉入凹模中,所以后续的每次拉深的极限拉深系数都比前一次更高。

（2）首次拉深过程中,凸缘的变形区是逐渐缩小的。而在之后的各次拉深时,一开始变形区保持不变,拉深快结束时,变形区才开始缩小。

（3）拉深中的拉深力变化不同,首次拉深与二次拉深的拉深力示意图如图5.14所示。首次拉深时,变形抗力因为加工硬化的产生逐渐增加。但是变形区域随着凸缘直径的减小在逐渐减小,在二者的共同作用下,拉深力在拉深开始阶段增长较快,达到最大值后就逐渐减小。而之后的各次拉深,变形区保持不变,但是筒形件的硬度与厚度都沿着高度方向增加,所以拉深力在整个拉深过程中逐渐增加,直到拉深最后阶段才下降。

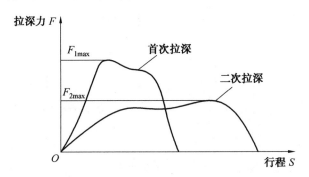

图 5.14　首次拉深与二次拉深的拉深力示意图

（4）首次拉深时的拉裂发生在拉深初始阶段,而之后各次拉深的拉裂发生在拉深结束阶段。这是因为首次拉深的最大拉深力出现在拉深初始阶段,而之后各次拉深的最大拉深力出现在拉深结束阶段。

（5）之后各次拉深的变形区外缘稳定性比首次拉深好,更不容易起皱,这是因为变形区外缘受到了筒壁的刚性支撑,但是当进入拉深结束阶段时,这种支撑消失,可能出现起皱的现象。

5.4　筒形件拉深工艺计算

5.4.1　拉深零件的毛坯尺寸

在冲压成形工艺中,毛坯的尺寸选取得是否得当,直接影响着拉深件的性能,还会对生产成本产生巨大的影响。

　　计算毛坯尺寸时,要以工件最后一次拉深后的尺寸为计算基础。

　　对于不变薄拉深,可以认为拉深前后板材的厚度没有发生变化,所以可以运用拉深前后毛坯和拉深件表面积相等的原则来确定所要选取的毛坯尺寸。在选取毛坯时,也要遵循毛坯形状与拉深件形状尽可能相似的原则。

　　同时,当板材厚度 $t \geqslant 1$ mm 时,按工件中线尺寸计算;而当 $t < 1$ mm 时,就可以按照内形或外形尺寸计算。

　　不仅如此,因为毛坯的板材具有各向异性,而且凸模与凹模之间的间隙也并不均匀,所以得到的拉深件的边缘并不平齐,通常都需要人为将不平齐的部分切除,也就是修边。因此在选取毛坯尺寸时,需要首先预留出一部分修边余量,修边余量示意图如图 5.15 所示。

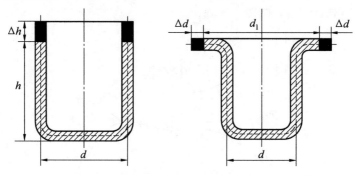

图 5.15　修边余量示意图

　　一般情况下,无凸缘拉深件的修边余量见表 5.1,带凸缘拉深件的修边余量见表 5.2。

表 5.1　无凸缘拉深件的修边余量 Δh　　　　　　　　　　　mm

拉深件高度 h	拉深时相对高度 h/d 或 h/B			
	0.5～0.8	0.8～1.6	1.6～2.5	2.5～4
0～10	1.0	1.2	1.5	2
10～20	1.2	1.6	2	2.5
20～50	2	2.5	3.3	4
50～100	3	3.8	5	6
100～150	4	5	6.5	8
150～200	5	6.3	8	10
200～250	6	7.5	9	11
＞250	7	8.5	10	12

注:1. B 为矩形件的短边宽度。

　　2. 拉深较浅的、高度尺寸要求不高的工件可以不考虑修边余量。

表 5.2　有凸缘拉深件的修边余量 Δd　　　　　　　　　　　　mm

凸缘直径 d_t 或 B_t	相对凸缘直径 d_t/d 或 B_t/B			
	$0 \sim 1.5$	$1.5 \sim 2$	$2 \sim 2.5$	>2.5
$\leqslant 25$	1.8	1.6	1.4	1.2
$25 \sim 50$	2.5	2.0	1.8	1.6
$50 \sim 100$	3.5	3.0	2.5	2.2
$100 \sim 150$	4.3	3.6	3.0	2.5
$150 \sim 200$	5.0	4.2	3.5	2.7
$200 \sim 250$	5.5	4.6	3.8	2.8
>250	6	5	4	3

拉深件毛坯尺寸的确定一般有两种方法:计算法和解析法。

1. 计算法

计算法适用于较为简单的旋转体毛坯计算。旋转体零件在进行拉深工艺时,其毛坯应该是圆形的,可以通过面积相等的原则来计算其毛坯直径。计算时,首先需要查表 5.1 和表 5.2,确定修边余量;第二步,将拉深件划分为若干个容易计算面积的部分,分别计算每一部分的面积并相加,求出零件的总面积 $\sum A$;然后根据旋转体零件的总面积计算出圆形毛坯的直径。拉深毛坯尺寸计算法示意图如图 5.16 所示,将拉深件拆分为 3 个部分,每部分的面积分别为 A_1、A_2、A_3。

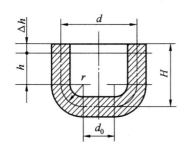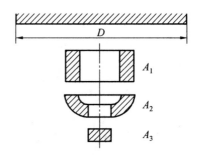

图 5.16　拉深毛坯尺寸计算法示意图

可以轻易算得

$$A_1 = \pi d(h + \Delta h) \tag{5.2}$$

$$A_2 = \frac{\pi}{4}(2\pi r d_0 + 8r^2) \tag{5.3}$$

$$A_3 = \frac{\pi}{4} d_0^2 \tag{5.4}$$

由面积相等原则,将三部分面积相加就可以得到毛坯的面积:

$$\frac{\pi D^2}{4} = A_1 + A_2 + A_3 = \pi d(h + \Delta h) + \frac{\pi}{4}(2\pi r d_0 + 8r^2) + \frac{\pi}{4} d_0^2 \tag{5.5}$$

则

$$D = \sqrt{4d(h + \Delta h) + d_0^2 + 2\pi r d_0 + 8r^2} \tag{5.6}$$

式中　D——毛坯直径;

A_1、A_2、A_3——拉深件拆解后各部分的表面积。

2. 解析法

对于结构较为复杂的旋转体,可以使用解析法来计算毛坯的大小。解析法示意图如图 5.17 所示,根据久里金法则,即任何形状的母线绕轴旋转一周所得的旋转体面积都等于该母线的长度与其重心绕该轴线旋转所得周长的乘积,可以求出毛坯的面积:

$$A = 2\pi R_x L \tag{5.7}$$

$$\frac{\pi D^2}{4} = 2\pi R_x L \tag{5.8}$$

$$D = \sqrt{8 R_x L} \tag{5.9}$$

式中　R_x——旋转体重心到旋转轴线的距离;

L——旋转母线长度;

D——毛坯直径;

A——旋转体的面积。

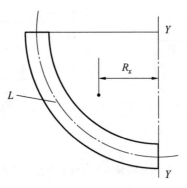

图 5.17　解析法示意图

在确定复杂拉深件毛坯尺寸时,用理论计算方法确定的毛坯尺寸不是绝对准确的,因此对于形状复杂的拉深件,通常是以理论分析方法初步确定的坯料进行试模,经反复试模后得到符合要求的冲压件,再将符合要求的坯料形状和尺寸作为制造落料模的依据。

5.4.2　拉深工艺计算

1. 拉深系数

拉深系数是用来表示筒形件拉深的变形程度的参数,是拉深工艺的基本参数。

拉深系数是指每次拉深后筒形件的直径与拉深前毛坯(或上一道工序件)直径的比值,用 m 来表示。拉深系数示意图如图 5.18 所示,即

$$m = \frac{d}{D} \tag{5.10}$$

极限拉深系数是指使拉深件不破裂的最小拉深系数。

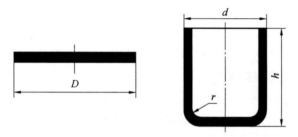

图 5.18　拉深系数示意图

当拉深需要分成多道次进行时,多道次拉深系数示意图如图 5.19 所示,拉深系数的计算方式如下:

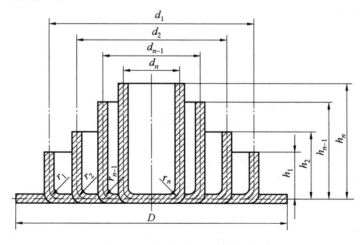

图 5.19　多道次拉深系数示意图

第一次拉深:

$$m_1 = \frac{d_1}{D} \tag{5.11}$$

第二次拉深:

$$m_2 = \frac{d_2}{d_1} \tag{5.12}$$

$$\cdots$$

第 n 次拉深:

$$m_n = \frac{d_n}{d_{n-1}} = \frac{d}{d_{n-1}} \tag{5.13}$$

总拉深系数:

$$m_{总} = \frac{d}{D} = \frac{d_n}{D} = \frac{d_1}{D} \cdot \frac{d_2}{d_1} \cdot \cdots \cdot \frac{d_n}{d_{n-1}} = m_1 m_2 \cdots m_n \tag{5.14}$$

由拉深系数表达式可以看出,m 的值介于 0 和 1 之间,且 m 越小,拉深变形程度越大。拉深系数是拉深工艺中的重要工艺参数,可以用来计算割刀工序的工件尺寸和毛坯尺寸,某一种材料在同样的拉深条件下的拉深系数是一定的。

2. 极限拉深系数的确定

筒形件的极限拉深系数一般通过查表 5.3、表 5.4 来获得。

表 5.3　筒形件的极限拉深系数(带压边圈)

拉深系数	坯料相对厚度 $\frac{t}{D}$ /%					
	0.08~0.15	0.15~0.3	0.3~0.6	0.6~1.0	1.0~1.5	1.5~2.0
m_1	0.60~0.63	0.58~0.60	0.55~0.58	0.53~0.55	0.50~0.53	0.48~0.50
m_2	0.80~0.82	0.79~0.80	0.78~0.79	0.76~0.78	0.75~0.76	0.73~0.75
m_3	0.82~0.84	0.81~0.82	0.80~0.81	0.79~0.80	0.78~0.79	0.76~0.78
m_4	0.85~0.86	0.83~0.85	0.82~0.83	0.81~0.82	0.80~0.81	0.78~0.80
m_5	0.87~0.88	0.86~0.87	0.85~0.86	0.84~0.85	0.82~0.84	0.80~0.82

注:(1)表中拉深系数适用于 08 钢、10 钢以及 15Mn 钢等普通碳钢及黄铜 H62。对于拉深性能较差的材料,如 20 钢、25 钢、Q215 钢、Q235 钢、硬铝等,应比表中数值大 1.5%~2.0%;而对于拉深性能较好的材料,如 05 钢、08 钢、10 钢、软铝等,应比表中数值小 1.5%~2.0%。

(2)表中数据适用于未经中间退火的拉深。若采用中间退火工序,则取值应比表中数值小 2%~3%。

(3)表中较小值适用于大的凹模圆角半径 $r_d = (8~15)t$;较大值适用于小的凹模圆角半径 $r_d = (4~8)t$。

表 5.4　筒形件的极限拉深系数(不带压边圈)

拉深系数	坯料相对厚度 $\frac{t}{D}$/%				
	1.5	2.0	2.5	3.0	>3
m_1	0.65	0.60	0.55	0.53	0.50
m_2	0.80	0.75	0.75	0.75	0.70
m_3	0.84	0.80	0.80	0.80	0.75
m_4	0.87	0.84	0.84	0.84	0.78
m_5	0.90	0.87	0.87	0.87	0.82
m_6	—	0.90	0.90	0.90	0.85

注:(1) 此表适用于 08 钢、10 钢以及 15Mn 钢等材料。其余各项同表 5.3。

(2) 表中的数值为毛坯或中间工序件的极限拉深系数,但是为了提升零件质量,提高拉深工艺的稳定性,避免零件出现缺陷,在拉深工序中,一般会选取大于极限拉深系数的值作为拉深系数进行加工。这样可以保证毛坯在危险断面不会变得太薄,保证了零件的质量。

3. 拉深次数的确定

在确认拉深次数时,首先应该判断是否可以一次完成拉深成形。当总拉深系数 $m>m_1$ 时,可以一次完成拉深;反之,则需要进行多次拉深。在决定拉深次数时一般需要遵循以下原则:在保证拉深质量的前提下,尽可能地减少拉深次数,也就是说,每一次的拉深工序都要在材料强度允许的条件下采用尽可能大的变形。

决定拉深次数的方法一般有以下几种。

(1)推算法。

推算法是用各次的极限拉深系数计算出每次拉深的最小直径,并与工件直径比较,即

$$d_1 = m_1 \times D \tag{5.15}$$

$$d_2 = m_2 \times d_1 = m_1 \times m_2 \times D \tag{5.16}$$

$$\cdots$$

$$d_n = m_n \times d_{n-1} = m_1 \times m_2 \times \cdots \times m_n \times D \tag{5.17}$$

直到 $d_n < d_1$,则 n 为所求的拉深次数。

因为更加准确,所以推算法在计算拉深次数当中应用得较多。

(2)查表法。

筒形件的拉深次数还可以根据其相对厚度 t/D 与相对高度 h/d 来查表 5.5 获得。

表 5.5 拉深件相对高度 h/d 与拉深次数的关系(无凸缘筒形件)

拉深次数	坯料相对厚度 $\frac{t}{D}$/%					
	0.08~0.15	0.15~0.3	0.3~0.6	0.6~1.0	1.0~1.5	1.5~2
1	0.38~0.46	0.45~0.52	0.50~0.62	0.57~0.71	0.65~0.84	0.77~0.94
2	0.7~0.9	0.83~0.96	0.94~1.13	1.1~1.36	1.32~1.60	1.54~1.88
3	1.1~1.3	1.3~1.6	1.5~1.9	1.8~2.3	2.2~2.8	2.7~3.5
4	1.5~2.0	2.0~2.4	2.4~2.9	2.9~3.6	3.5~4.3	4.3~5.6
5	2.0~2.7	2.7~3.3	3.3~4.1	4.1~5.2	5.1~6.6	6.6~8.9

注:(1) 大的 h/d 值适用于第一道工序的大凹模圆角 $r_d=(8\sim15)t$。

(2) 小的 h/d 值适用于第一道工序的小凹模圆角 $r_d=(4\sim8)t$。

(3) 表中数据适用材料为 08F 钢、10F 钢。

(3)计算法。

将直径为 D 的毛坯拉深成直径为 d_n 的筒形件,设首次的拉深系数为 m_1,之后每次的拉深系数都选取平均值 m_n,则每次拉深的最小直径为

$$d_1=m_1\times D \tag{5.18}$$

$$d_2=m_n\times(m_1\times D) \tag{5.19}$$

$$\cdots$$

$$d_n=m_n^{n-1}\times(m_1\times D) \tag{5.20}$$

两边同时取对数可得

$$\lg d_n=(n-1)\lg m_n+\lg(m_1\times D) \tag{5.21}$$

$$n=1+\frac{\lg d_n-\lg(m_1\times D)}{\lg m_n} \tag{5.22}$$

式中 d_n——筒形件的直径;

D——毛坯直径;

m_1——首次的拉深系数;

m_n——之后每次拉深系数的平均值。

部分常用材料的 m_1 和 m_n 可在表 5.6 查到。

表 5.6 部分常用材料的极限拉深系数

材料	牌号	首次极限拉深系数 m_1	以后各次拉深系数平均值 m_n
铝和铝合金	8A06M,1035M,3A21M	0.52~0.55	0.70~0.75
杜拉铝	2A11M,2A12M	0.56~0.58	0.75~0.80

续表 5.6

材料	牌号	首次极限拉深系数 m_1	以后各次拉深系数平均值 m_n
黄铜	H62	0.52～0.54	0.70～0.72
	H68	0.50～0.52	0.68～0.72
纯铜	T2,T3,T4	0.50～0.55	0.72～0.80
无氧铜		0.52～0.58	0.75～0.82
镍、镁镍、硅镍		0.48～0.53	0.70～0.75
康铜(铜镍合金)		0.50～0.56	0.74～0.84
白铁皮		0.58～0.65	0.80～0.85
酸洗钢板		0.54～0.58	0.75～0.78
不锈钢、耐热钢及其合金	Cr13	0.52～0.56	0.75～0.78
	Cr18Ni	0.50～0.52	0.70～0.75
	1Cr18Ni9Ti	0.52～0.55	0.78～0.81
	Cr18Ni11Nb,Cr23Ni18	0.52～0.55	0.78～0.80
	Cr20Ni75Mo2A1TiNb	0.46	—
	Cr25Ni60W15Ti	0.48	—
	Cr22Ni38W3Ti	0.48～0.50	—
	Cr20Ni80Ti	0.54～0.59	0.78～0.84
钢	30CrMnSiA	0.62～0.70	0.80～0.84
可伐合金		0.65～0.67	0.85～0.90
钼铼合金		0.72～0.82	0.91～0.97
钽		0.65～0.67	0.84～0.87
铌		0.65～0.67	0.84～0.87
钛合金	工业纯钛	0.58～0.60	0.80～0.85
	TA5	0.60～0.65	0.80～0.85
锌		0.65～0.70	0.85～0.90

注:(1) 凹模圆角半径 $R_凹 < 6t$ 时,拉深系数取大值。

(2)凹模圆角半径 $R_凹 > (7～8)t$ 时,拉深系数取小值。

(3)材料相对厚度 $t/D \geqslant 0.6\%$ 时,拉深系数取小值。

(4)材料相对厚度 $t/D < 0.6\%$ 时,拉深系数取大值。

由表 5.6 可以看出,使用压边圈时,首次极限拉深系数的 m_1 为 0.5～0.6;之后各次拉深时,m_n 大多数都在 0.7 以上,均大于首次拉深。而不使用压边圈的极限拉深系数又大于使用压边圈时的拉深系数。

例 5.1 求图 5.20 所示筒形件的坯料尺寸及拉深各工序件尺寸。材料为 10 钢,板材厚度 $t=2$ mm。

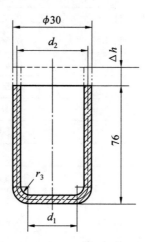

图 5.20 筒形件

解 首先板材厚度 $t=2$ mm,大于 1 mm,所以根据工件中线尺寸计算。

(1)计算坯料直径。

由图可得 $H=75$ mm,$h=71$ mm,$d_2=28$ mm,$d_1=20$ mm,圆角半径 $R=4$ mm。

根据零件尺寸首先求出零件的相对高度:

$$\frac{H}{d}=\frac{76-1}{30-2}=2.679$$

查表 5.1 得修边余量 $\Delta h=6$ mm。

可得坯料直径:

$$D=\sqrt{4d_2(h+\Delta h)+d_1^2+2\pi Rd_1+8R^2}=98.26 \text{ mm}$$

(2)确认毛坯拉深次数。

坯料的相对厚度为

$$\frac{t}{D}=\frac{2}{98.26}=2.04\%$$

查表 5.3 可得

$$m_1=0.50, \quad m_2=0.75, \quad m_3=0.78, \quad m_4=0.80, \quad m_5=0.82$$

所以可以算出:

$$d_1=D \cdot m_1=98.26\times0.50=49.13 \text{ (mm)}$$

$$d_2=d_1 \cdot m_2=49.13\times0.75=36.85 \text{ (mm)}$$

$$d_3=d_2 \cdot m_3=36.85\times0.78=28.74 \text{ (mm)}$$

$$d_4 = d_3 \cdot m_4 = 28.74 \times 0.80 = 23.00 \ (\text{mm})$$

可以看出 $d_4 = 23 \ \text{mm} < 28 \ \text{mm}$。

所以进行 4 次拉深即可完成成形。

(3) 各次实际拉深件尺寸的确定。

为了使每次拉深变形程度富余量分布均匀,使用拉深系数方法倍数:

$$k = \sqrt[n]{\frac{d}{d_n}} = \sqrt[4]{\frac{28}{23}} = 1.05$$

所以

$$m_{1\text{实际}} = m_1 \times 1.05 = 0.525$$

$$m_{2\text{实际}} = m_2 \times 1.05 = 0.787 \ 5$$

$$m_{3\text{实际}} = m_3 \times 1.05 = 0.819$$

$$m_{4\text{实际}} = \frac{m_{\text{总}}}{m_{1\text{实际}} \cdot m_{2\text{实际}} \cdot m_{3\text{实际}}} = 0.841 \ 6$$

所以,各次工序件的实际尺寸为

$$d_{1\text{实际}} = D \cdot m_{1\text{实际}} = 98.26 \times 0.525 = 51.59 \ (\text{mm})$$

$$d_{2\text{实际}} = d_{1\text{实际}} \cdot m_{2\text{实际}} = 51.59 \times 0.787 \ 5 = 40.62 \ (\text{mm})$$

$$d_{3\text{实际}} = d_{2\text{实际}} \cdot m_{3\text{实际}} = 40.62 \times 0.819 = 33.27 \ (\text{mm})$$

$$d_{4\text{实际}} = d_{3\text{实际}} \cdot m_{4\text{实际}} = 33.27 \times 0.841 \ 6 = 28.00 \ (\text{mm})$$

5.4.3　筒形件拉深的压边力与拉深力

1. 压边力的计算

压边力太大会增加危险断面的拉应力,导致零件拉裂或严重变薄,压边力过小则会导致起皱。因此,在材料不起皱的情况下,压边力越小越好。

实际生产中,单位压边力 p' 可按表 5.7 选取,则总的压边力为 $F_r = Ap'$,A 为开始拉深时的压边面积。

表 5.7　单位压边力 p'

材料名称		p'/MPa	材料名称	p'/MPa
铝		0.8~1.2	镀锡钢板	2.5~3.0
纯铜,硬铝(已退火)		1.2~1.8	耐热钢(软化状态)	2.8~3.5
软钢	$t \leqslant 0.5 \ \text{mm}$	2.5~3.0	高合金钢、高锰钢、不锈钢	3.0~4.5
	$t > 0.5 \ \text{mm}$	2.0~2.5	黄铜	1.5~2.0

设置模具时,对于多次拉深的筒形件,压边力可按下式计算:

筒形件第一次拉深时的压边力:

$$F_{y1} = \frac{\pi}{4} \left[D^2 - (d_1 + 2r_{d1})^2 \right] p' \qquad (5.23)$$

筒形件以后各次拉深的压边力：

$$F_{yn} = \frac{\pi}{4} \left[d_{n-1}^2 - (d_n + 2r_{dn})^2 \right] p' \qquad (5.24)$$

式中　r_{d1}、r_{dn}——凹模圆角半径；

　　　p'——单位压边力，可由表 5.7 查得。

2. 压料装置

(1)弹性压料装置。

这种装置压料多用于普通单动压力机上，压边力由气压、液压、弹簧或橡胶提供，弹性压边圈结构示意图如图 5.21 所示。其中采用弹簧和橡胶的压边圈的压边力随凸模行程的增大而增大，而实际拉深过程中所需的压边力是不断减小的，因此不符合拉深过程所需压边力的变化规律，对拉深不利，只适合拉深高度不大的零件，不过其结构简单，制造容易；采用气压或液压作为压边力时，其压边力不会随着凸模行程的变化而发生大的变化，不会使拉深后期压边力剧增，筒壁拉力增大，且压边力大小调整方便，适应性强。

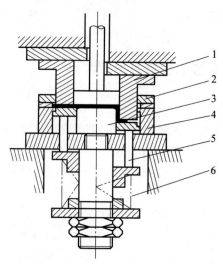

图 5.21　弹性压边圈结构示意图

1—落料凸模兼拉深凹模；2—卸料板；3—拉深凸模；4—落料凹模；5—顶杆；6—弹簧

(2)刚性压料装置。

这种压料装置用于双动压力机上，压边圈安装在外滑块上，拉深凸模安装在内滑块上，刚性压边圈结构示意图如图 5.22 所示。压料力由外滑块产生，拉深过程中压边平稳，压料力不变，拉深效果好，模具结构简单，适用于拉深大型工件。

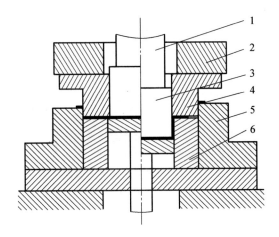

图 5.22 刚性压边圈结构示意图

1—内滑块;2—外滑块;3—拉深凸模;4—落料凸模兼压边圈;5—落料凹模;6—拉深凹模

3. 拉深力的计算

在实际生产中,拉深力的计算多根据经验公式来计算。

(1)带压边圈拉深筒形件所需拉深力。

①首次拉深:

$$F = \pi d_1 t \sigma_b K_1 \qquad (5.25)$$

②以后各次拉深:

$$F = \pi d_i t \sigma_b K_2 \quad (i = 2, 3, \cdots, n) \qquad (5.26)$$

(2)不带压边圈拉深筒形件所需拉深力。

①首次拉深:

$$F = 1.25 \pi (D - d_1) t \sigma_b \qquad (5.27)$$

②以后各次拉深:

$$F = 1.3 \pi (d_{i-1} - d_i) t \sigma_b \quad (i = 2, 3, \cdots, n) \qquad (5.28)$$

式中 F——拉深力,N;

t——毛坯厚度,mm;

σ_b——材料抗拉强度,MPa;

K_1、K_2——修正系数,见表 5.8。

表 5.8　修正系数 K_1、K_2 值

m_1	0.55	0.57	0.60	0.62	0.65	0.67	0.70	0.72	0.75	0.77	0.80	—	—	—
K_1	1.0	0.93	0.86	0.79	0.72	0.66	0.60	0.55	0.50	0.45	0.40	—	—	—
$m_2,\cdots,m_n$	—	—	—	—	—	—	0.70	0.72	0.75	0.77	0.80	0.85	0.90	0.95
K_2	—	—	—	—	—	—	1.0	0.95	0.90	0.85	0.80	0.70	0.60	0.50

4. 拉深压力机的选用

压力机公称压力的确定见表 5.9。

表 5.9　压力机公称压力的确定

压力机类型	计算公式
单动压力机	$F > F_1 + F_2$
双动压力机	$F_{外} > F_1,\quad F_{内} > F_2$

注：F 为单动压力机公称拉力（N），$F_{外}$ 为双动压力机外滑块公称拉力（N），$F_{内}$ 为双动拉力机内滑块公称拉力（N），F_1 为压料力（N），F_2 为拉深力（N）。

对于曲柄压力机来说，不管工作行程多长，拉深力都必须处于滑块的许用负荷曲线之内。对于拉深较浅的零件，一般情况下只要实际拉深力不超过压力机的公称压力即可；对于工作行程较长的拉深件，在实际生产中，一般按照总拉深力小于或等于压力机公称压力的 $50\% \sim 60\%$ 选用。

5. 拉深功的计算

由于拉深工序的行程比较长，消耗的功比较多，因此对拉深工序除了要计算拉深力外，还要校核压力机的电机功率。通常按下式计算：

$$W = \frac{CF_{\max}h}{1\ 000} \tag{5.29}$$

式中　W——拉深功，J；

C——系数，取 $C=0.6\sim0.8$；

$F_{\max}$——包含压料力的最大拉深力，N；

h——凸模工作行程，mm。

根据拉深功计算压力机的电机功率为

$$N = \frac{KWn}{60 \times 1\ 000 \times \eta_1\eta_2} \tag{5.30}$$

式中　N——电机功率，kW；

K——不平衡系数，取 $K=1.2\sim1.4$；

n——压力机每分钟的行程次数；

η_1——压力机效率，取 $\eta_1=0.6\sim0.8$；

η_2——电机效率，取 $\eta_2=0.9\sim0.95$。

若选用的压力机电机功率小于计算值,则应选用更大的压力机。

5.4.4　拉深模工作部分结构的确定

拉深模工作部分零件主要包括凸模、凹模和压边圈等,它们的结构和尺寸设计对拉深系数、拉深力、拉深件的尺寸精度和表面粗糙度等都有很大的影响。

1. 凹模圆角半径 r_d

在拉深过程中,板材将通过凹模的边缘沿着圆角流动,使之产生较大的双向弯曲变形。而当板材由凹模的圆角半径区进入直壁部分时,又被重新拉直。因此,如果凹模圆角半径 r_d 过小,则板材在经过凹模圆角部位时的变形阻力要有所增大,从而增加了传力区的最大拉深力,其结果会使总拉深力有所增大,严重时出现拉裂。反复弯曲和拉直的变形程度也非常大,不利于极限拉深系数的降低和拉深变形程度的增加,同时,模具的寿命也会有所降低。

凹模圆角半径 r_d 越大,则材料拉入凹模的阻力越小,拉深时所需的拉力就越小,可以避免拉深件壁厚过度减薄,降低拉深系数,同时提高模具寿命和工件表面质量;但凹模圆角半径过大则会减小压边面积,使总压边力减小,在拉深后期,毛坯外缘过早脱离压边圈而引起拉深件起皱,当起皱严重时,增加了材料进入冲裁模间隙的阻力,可能出现拉破。

因此,凹模圆角半径应在不产生起皱的前提下越大越好,首次拉深凹模圆角半径 r_{d1} 可按经验公式计算:

$$r_{d1} = 0.8\sqrt{(D-d)t} \tag{5.31}$$

式中　　r_{d1}——首次拉深凹模圆角半径,mm;

　　　　D——毛坯直径,mm;

　　　　d——凹模直径,mm;

　　　　t——材料厚度,mm。

第一次拉深凹模圆角半径也可按表 5.10 选取。

表 5.10　第一次拉深凹模圆角半径

	t/mm				
	$0.1 \sim 0.3$	$0.3 \sim 0.6$	$0.6 \sim 1.0$	$1.0 \sim 1.5$	$1.5 \sim 2.0$
无凸缘拉深	$(8 \sim 13)t$	$(7 \sim 10)t$	$(6 \sim 9)t$	$(5 \sim 8)t$	$(4 \sim 7)t$
有凸缘拉深	$(15 \sim 22)t$	$(12 \sim 16)t$	$(10 \sim 16)t$	$(8 \sim 13)t$	$(6 \sim 10)t$

注:当材料性能好,润滑条件好时,r_{d1} 可取小值。

以后各次拉深的凹模圆角半径逐渐减小,可按下式确定:

$$r_{dn} = (0.6 \sim 0.8)r_{d(n-1)} \tag{5.32}$$

但最小凹模圆角半径不能小于 $2t$,否则很难拉成。若带凸缘工件的圆角半径小于 $2t$,只能通过拉深后的整形工序获得。

2. 凸模圆角半径 r_p

凸模圆角半径过小,后续拉深时毛坯沿压边圈的滑动阻力增大,不利于拉深成形;凸模圆角半径过大,则拉深初始阶段不与模具表面接触的毛坯宽度加大,容易产生起皱。因此,凸模的圆角半径大小也必须合适。一般情况下,除最后一次拉深外,其他各次拉深工序的凸模圆角半径可与凹模圆角半径取得相等或略小,即 $r_p = (0.7 \sim 1.0)r_d$。

在最后一次拉深工序中,凸模圆角半径应与工件底部的圆角半径相等。如果工件要求的圆角半径很小,小于板材厚度时,则只能通过最后一道的整形工序获得。

3. 凸、凹模间隙 Z

凸、凹模间隙指的是单边间隙,间隙过小,摩擦力增加,则拉深力大,拉深件容易破裂,工件表面质量低,凹模磨损严重,模具使用寿命降低;但拉深件回弹小,精度高。间隙过大,毛坯的校直作用小,容易起皱,拉深件锥度大,零件尺寸精度低。因此,拉深模的间隙 Z 大小要合适。

确定拉深模间隙时,不仅要考虑材质和板材厚度,还要考虑筒形件口部增厚的现象,冲裁模间隙值一般稍大于板材厚度。

当不采用压边圈时,考虑板材起皱的可能,筒形件拉深模间隙 Z 稍大于料厚的上限值 t_{max},且取值为

$$Z = (1 \sim 1.1)t_{max} \tag{5.33}$$

有压边圈时,

$$Z = t_{max} + kt \tag{5.34}$$

式中　k——间隙系数,其值可按表 5.11 选取。

表 5.11　间隙系数 k

拉深工序数		材料厚度 t/mm		
		0.5～2	2～4	4～6
1	第一次	0.2(0)	0.1(0)	0.1(0)
2	第一次	0.3	0.25	0.2
	第二次	0.1(0)	0.1(0)	0.1(0)

续表 5.11

拉深工序数		材料厚度 t/mm		
		0.5~2	2~4	4~6
3	第一次	0.5	0.4	0.35
	第二次	0.3	0.25	0.22
	第三次	0.1(0)	0.1(0)	0.1(0)
4	第一、二次	0.5	0.4	0.35
	第三次	0.3	0.25	0.2
	第四次	0.1(0)	0.1(0)	0.1(0)
5	第一、二、三次	0.5	0.4	0.35
	第四次	0.3	0.25	0.2
	第五次	0.1(0)	0.1(0)	0.1(0)

注:1. 表中数据适用于一般精度(未注公差尺寸的极限偏差)工件的拉深。

　　2. 末道工序括弧内的数字适用于精密拉深件(IT11~IT13 级)。

材料公差小或工件精度高的工件应取较小的间隙值,可按表 5.12 选取。

表 5.12　有压边圈拉深时的单边间隙

总拉深次数	拉深工序	单边间隙 Z	拉深次数	拉深工序	单边间隙 Z
1	第一次拉深	$(1~1.1)t$	4	第一、二次拉深	$1.2t$
2	第一次拉深	$1.1t$		第三次拉深	$1.1t$
	第二次拉深	$(1~1.05)t$		第四次拉深	$(1~1.05)t$
3	第一次拉深	$1.2t$	5	第一、二、三次拉深	$1.2t$
	第二次拉深	$1.1t$		第四次拉深	$1.1t$
	第三次拉深	$(1~1.05)t$		第五次拉深	$(1~1.05)t$

注:材料厚度 t 取材料允许偏差的中间值。

当拉深精密工件时,最后一次拉深间隙取 $Z=t$。

对于精度要求较高的零件来说,为保证尺寸精度,必须减小拉深后的回弹。因此,在最后一次拉深时常采用负间隙,即 $Z=(0.9~0.95)t$。

对于盒形件拉深模,其冲裁模间隙可参考筒形件拉深模凸、凹模间隙选取。在最后一次拉深模间隙的选取时,圆角部分的间隙要比直边部分大 $0.1t$,这是由于材料在圆角部分会变厚。

4. 凸、凹模工作部分及其尺寸公差

由于工件的尺寸精度由最后一道工序的凸、凹模及其尺寸公差决定,因此除最后一道工序对拉深模尺寸公差有严格控制外,首次及其他中间工序对拉深模及半成品的尺寸不需要严格控制。

拉深件的尺寸标注分为标注外形尺寸和标注内形尺寸两种,拉深件尺寸和模具尺寸如图 5.23 所示。

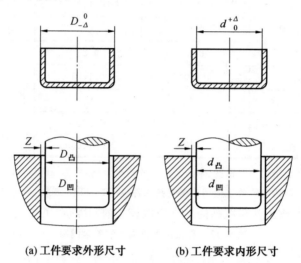

(a) 工件要求外形尺寸　　　　　(b) 工件要求内形尺寸

图 5.23　拉深件尺寸和模具尺寸

当工件要求外形尺寸时,如图 5.23(a)所示,则以凹模尺寸为基准进行计算,即

凹模尺寸为

$$D_{凹} = (D_{\max} - 0.75\Delta)^{+\delta_{凹}}_{0} \tag{5.35}$$

凸模尺寸为

$$D_{凸} = (D_{\max} - 2Z)^{0}_{-\delta_{凸}} \tag{5.36}$$

当工件要求内形尺寸时,如图 5.23(b)所示,则以凸模尺寸为基准进行计算,即

凹模尺寸为

$$d_{凹} = (d_{\min} + 0.4\Delta + 2Z)^{+\delta_{凹}}_{0} \tag{5.37}$$

凸模尺寸为

$$d_{凸} = (d_{\min} + 0.4\Delta)^{0}_{-\delta_{凸}} \tag{5.38}$$

式中　$D_{\max}$——拉深件外径上极限尺寸;

　　　$d_{\min}$——拉深件内径下极限尺寸;

　　　Δ——拉深件公差;

$\delta_凸$、$\delta_凹$——凸模、凹模的制造公差,见表5.13。

表 5.13　凸模、凹模的制造公差

材料厚度	拉深件直径					
	≤20		20~100		>100	
	$\delta_凹$	$\delta_凸$	$\delta_凹$	$\delta_凸$	$\delta_凹$	$\delta_凸$
≤0.5	0.02	0.01	0.03	0.02	—	—
0.5~1.5	0.04	0.02	0.05	0.03	0.08	0.05
>1.5	0.06	0.04	0.08	0.05	0.10	0.06

注:凸模制造公差在必要时可提高到IT6~IT8级,若零件公差在IT13级以下,则制造公差可采用IT10级。

5.5　带法兰筒形件的拉深

5.5.1　有凸缘筒形件的分类及成形特点

根据有凸缘筒形件的相对直径的比值可将其分为两种:一种是相对直径$d_t/d>1.4$,称为宽凸缘筒形件;另一种是$d_t/d=1.1~1.4$,称为窄凸缘筒形件。式中d_t为凸缘外径,d为圆筒部分外径,有凸缘拉深件尺寸标注如图5.24所示。

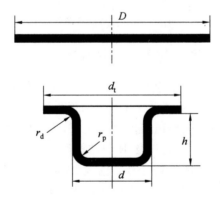

图 5.24　有凸缘拉深件尺寸标注

对于带凸缘的筒形件,其毛坯法兰部分并不是全部进入凹模口部,而是只拉深到毛坯外径等于零件凸缘外径为止,因此带凸缘筒形件可以看成是一般筒形件在拉深未结束时的半成品,即只将毛坯外径拉深到等于法兰边直径d_t时拉深过程就结束。故其变形区的应力-应变状态和变形特点与不带凸缘筒形件相同。

对于窄凸缘筒形件,其拉深系数的确定方法和拉深工艺的计算与无凸缘筒形件完全相同,但是宽凸缘筒形件的拉深过程和工艺计算方法与无凸缘筒形件有很大的差别。

5.5.2　有凸缘筒形件的毛坯直径计算

有凸缘筒形件如图 5.25 所示,当工件凸缘根部圆角半径与工件底部圆角半径不等,即 $r_p \neq r_d$ 时,根据变形前后面积相等原则,毛坯直径 D 为

$$D = \sqrt{d_t^2 + 4dh - 1.72d(r_p + r_d) - 0.57(r_p^2 + r_d^2)} \tag{5.39}$$

当 $r_p = r_d = r$ 时,毛坯直径 D 为

$$D = \sqrt{d_t^2 + 4dh - 3.44dr} \tag{5.40}$$

当 $d/r \geqslant 20$ 时,可简化为

$$D = \sqrt{d_t^2 + 4dh} \tag{5.41}$$

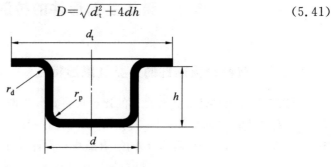

图 5.25　有凸缘筒形件

5.5.3　窄凸缘筒形件的多次拉深计算

窄凸缘筒形件是凸缘宽度很小的拉深件,这类零件一般需要多次拉深。由于凸缘很窄,拉深时可以先将其当作无凸缘筒形件进行拉深,然后在最后两道拉深工序中采用锥形凹模和锥形压料圈进行拉深,将工序件拉深成带有锥形的凸缘,最后通过整形工序压成平面凸缘,所以窄凸缘筒形件的拉深工序的计算可用无凸缘的筒形件的计算方法进行计算。图 5.26 所示为窄凸缘筒形件的拉深过程,其一共需要经过三次拉深,第一次拉深成无凸缘筒形件,后两次拉深中留出锥形凸缘,最后整形达到要求。

如果带凸缘圆筒形件的相对高度很小,即当 $h/d \leqslant 1$ 时,在第一道拉深时就可拉深成带锥形凸缘边的筒形件,最后整形成零件的凸缘边。

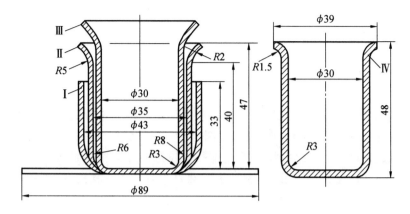

图 5.26 窄凸缘筒形件的拉深过程
Ⅰ—第一次拉深；Ⅱ—第二次拉深；Ⅲ—第三次拉深；Ⅳ—成品

5.5.4 宽凸缘筒形件的多次拉深计算

1. 宽凸缘筒形件的拉深系数和拉深次数

由于带凸缘筒形件在拉深过程中，拉深出不同的凸缘直径 d_t 和不同的高度 h 时，表示变形程度的拉深系数 $m=d/D$ 的值并不变，拉深过程中凸缘尺寸的变化如图 5.27 所示；显然，凸缘直径和高度不同，其变形程度是不同的，凸缘直径越小，工件高度越大，其变形程度也越大。因此，带凸缘筒形件的拉深不能像无凸缘筒形件的拉深一样采用一般的拉深系数来表示材料的实际变形程度大小。

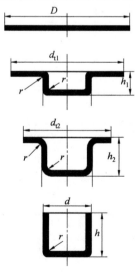

图 5.27 拉深过程中凸缘尺寸的变化

实际上带凸缘筒形件的变形程度受相对直径 d_t/d、相对高度 h/d、相对圆角半径 r/d 的影响,其拉深系数表示为

$$m = \cfrac{1}{\sqrt{\left(\cfrac{d_t}{d}\right)^2 + 4\cfrac{h}{d} - 3.44\cfrac{r}{d}}} \tag{5.42}$$

由式(5.42)可以看出,凸缘的相对直径 d_t/d 对拉深系数的影响最大,相对高度 h/d 对拉深系数的影响次之,相对圆角半径 r/d 对拉深系数的影响最小。

可以通过比较工件总拉深系数与第一次拉深的极限拉深系数、工件的相对高度与第一次拉深的最大相对高度来判断带凸缘件能否一次拉深,即同时满足:工件拉深系数 $m \geqslant m_{min1}$,相对高度 $h/d < h_1/d_1$ 时,工件可一次拉深而成。表 5.14 所示为带凸缘筒形件的首次极限拉深系数,表 5.15 所示为带凸缘筒形件的首次拉深最大相对高度,表 5.16 为带凸缘筒形件的极限拉深系数。

表 5.14　带凸缘筒形件的首次极限拉深系数 m_{min1}

凸缘相对直径 d_t/d	毛坯相对厚度 $t/D \times 100\%$				
	$0.06 \sim 0.2$	$0.2 \sim 0.5$	$0.5 \sim 1.0$	$1.0 \sim 1.5$	>1.5
$\leqslant 1$	0.59	0.57	0.55	0.53	0.50
$1.1 \sim 1.3$	0.55	0.54	0.53	0.51	0.49
$1.3 \sim 1.5$	0.52	0.51	0.50	0.49	0.47
$1.5 \sim 1.8$	0.48	0.48	0.47	0.46	0.45
$1.8 \sim 2.0$	0.45	0.45	0.44	0.43	0.42
$2.0 \sim 2.2$	0.42	0.42	0.42	0.41	0.40
$2.2 \sim 2.5$	0.38	0.38	0.38	0.38	0.37
$2.5 \sim 2.8$	0.35	0.35	0.34	0.34	0.33
$2.8 \sim 3.8$	0.33	0.33	0.32	0.30	0.31

注:适用于 08,10 钢。

表 5.15　带凸缘筒形件的首次拉深最大相对高度 h_1/d_1

凸缘相对直径 d_t/d	毛坯相对厚度 $t/D \times 100\%$				
	$0.06 \sim 0.2$	$0.2 \sim 0.5$	$0.5 \sim 1$	$1 \sim 1.5$	>1.5
$\leqslant 1.1$	$0.45 \sim 0.52$	$0.50 \sim 0.62$	$0.57 \sim 0.70$	$0.60 \sim 0.80$	$0.75 \sim 0.90$
$1.1 \sim 1.3$	$0.40 \sim 0.47$	$0.45 \sim 0.53$	$0.50 \sim 0.60$	$0.56 \sim 0.72$	$0.65 \sim 0.80$
$1.3 \sim 1.5$	$0.35 \sim 0.42$	$0.40 \sim 0.48$	$0.45 \sim 0.53$	$0.50 \sim 0.63$	$0.58 \sim 0.70$
$1.5 \sim 1.8$	$0.29 \sim 0.35$	$0.34 \sim 0.39$	$0.37 \sim 0.44$	$0.42 \sim 0.53$	$0.46 \sim 0.58$
$1.8 \sim 2.0$	$0.25 \sim 0.30$	$0.29 \sim 0.34$	$0.32 \sim 0.38$	$0.36 \sim 0.46$	$0.42 \sim 0.51$

续表 5.15

凸缘相对直径	毛坯相对厚度 $t/D \times 100\%$				
d_t/d	0.06~0.2	0.2~0.5	0.5~1	1~1.5	>1.5
2.0~2.2	0.22~0.26	0.25~0.29	0.27~0.33	0.31~0.41	0.35~0.45
2.2~2.5	0.17~0.21	0.20~0.23	0.22~0.27	0.25~0.32	0.28~0.35
2.5~2.8	0.13~0.16	0.15~0.18	0.17~0.21	0.19~0.24	0.22~0.27
2.8~3.0	0.10~0.13	0.12~0.15	0.14~0.17	0.16~0.20	0.18~0.22

注:1. 适用于 08,10 钢。

2. 较大值相应于零件圆角半径较大的情况,即 $R_凸$、$R_凹$ 为 $(10\sim20)t$;较小值相应于零件圆角半径较小的情况,即 $R_凸$、$R_凹$ 为 $(4\sim8)t$。

表 5.16 带凸缘筒形件的极限拉深系数 m

凸缘相对直径	毛坯相对厚度 $t/D \times 100\%$				
d_t/d	0.1~0.3	0.3~0.6	0.6~1.0	1.0~1.5	1.5~2
<1.1	0.59	0.57	0.55	0.53	0.51
1.3	0.55	0.54	0.53	0.51	0.49
1.5	0.52	0.51	0.50	0.49	0.47
1.8	0.48	0.48	0.47	0.46	0.45
2.0	0.45	0.45	0.44	0.43	0.42
2.2	0.42	0.42	0.42	0.41	0.4
2.5	0.38	0.38	0.38	0.38	0.37
2.8	0.35	0.35	035	0.35	0.34
3.0	0.33	0.33	0.33	0.33	0.32

2. 宽凸缘筒形件的拉深方法和工序件尺寸的确定

宽凸缘圆筒形件需多次拉深时,拉深的原则是第一次拉深就必须使凸缘尺寸等于拉深件的凸缘尺寸(加修边余量),以后各次拉深时保持凸缘尺寸不变,仅仅依靠已拉深成的筒形部分的材料转移来达到拉深件尺寸的要求。因为在以后的拉深工序中,即使凸缘部分产生很小的变形,也会使筒壁传力区产生很大的拉应力,从而使危险断面被拉裂。故在工艺设计时,将第一次拉入凹模的毛坯面积计算值增大 3%~5%,即增大第一次拉深的筒体高度,在第二、第三次拉深时减少这部分多拉入凹模面积的 1%~3%。这样即可补偿工艺计算时的误差和毛坯变厚,同时便于试模时调整。

对于宽凸缘零件的拉深,在确保凸缘尺寸不变的情况下,主要有以下两种方法。

(1)对于材料较薄、凸缘直径在 200 mm 以下、相对高度 h/d 较大的中小型零件,通过多次拉深,逐渐缩小筒形部分直径和增加其高度来达到要求。这种拉深方法就是直接采用筒形件的多次拉深方法,通过各次拉深逐次减小直径、增加高度,各次拉深的凸缘圆角半径和底部圆角半径基本不变。用这种方法成形的零件不易起皱,但是表面质量不高,其直壁和凸缘上容易残留中间工序形成的圆角弯曲和局部变薄的痕迹,需要在最后增加整形工序。

(2)对于材料较厚、凸缘直径在 200 mm 以上、相对高度 h/d 较小的大中型零件,采用高度不变拉深法,即首次拉深时尽可能取得较大的凸缘圆角半径和底部圆角半径,高度基本达到零件要求的尺寸,以后各次拉深时仅减小圆角半径和筒形部分直径,而高度基本不变。这种方法由于拉深过程中变形区材料所受到折弯较轻,所以拉成的零件表面较光滑、平整,厚度均匀,没有折痕,但第一次拉深时因圆角半径较大而容易起皱。在实际生产中往往将上述两种方法综合起来使用。

带凸缘筒形件拉深工序计算步骤。

(1)根据表 5.2 选定凸缘件的修边余量 Δh。

(2)根据毛坯直径计算公式,计算毛坯直径。

(3)算出零件的凸缘相对直径 d_t/d 和毛坯相对厚度 $t/D \times 100\%$,从表 5.15 查出带凸缘筒形件的首次拉深最大相对高度 h_1/d_1,然后和零件的相对高度 h/d 比较,判断零件能否一次拉成。

若 $h/d \leqslant h_1/d_1$,则零件可一次拉成,这种情况的工序尺寸计算到此为止。

若 $h/d > h_1/d_1$,则零件不能一次拉深而成,此时要计算各工序间的尺寸。

(4)根据表 5.14 查出零件的首次极限拉深系数,根据筒形件用压边圈拉深系数查出以后各次拉深系数 m_2、m_3、m_4,并推算各工序的拉深直径,即可确定拉深次数。

(5)确定拉深次数后重新调整各工序拉深系数,使各工序拉深变形程度分配尽量均匀。

(6)根据调整后的拉深系数,再计算各工序的拉深直径。

(7)选定各工序的模具圆角半径。

(8)根据宽凸缘件首次拉深时拉入凹模的材料面积比零件实际面积多 3%～5%的原则重新计算毛坯直径。

(9)计算第一次拉深高度,并校核第一次拉深的相对高度,检查是否安全,若验算不安全,则重复上述步骤。

(10)计算以后各次的拉深高度,有凸缘件拉深高度按下式计算:

$$h_1 = \frac{0.25}{d_1}(D^2 - d_t^2) + 0.43(r_{p1} + r_{d1}) + \frac{0.14}{d_1}(r_{p1}^2 + r_{d1}^2) \tag{5.43}$$

$$h_n = \frac{0.25}{d_n}(D^2 - d_t^2) + 0.43(r_{pn} + r_{dn}) + \frac{0.14}{d_1}(r_{pn}^2 + r_{dn}^2) \tag{5.44}$$

(11)画出工序图。

5.6 变薄拉深

将拉深后的空心半成品进一步拉深,使其侧壁减薄、高度增大,以获得底部厚度大于侧壁厚度的大高径比零件的工序称为变薄拉深,变薄拉深可在第一次或后续拉深中进行。变薄拉深过程示意图如图 5.28 所示,厚壁筒形件通过多次变薄拉深,壁厚逐渐变薄,高度逐渐增大,内外径也逐渐减小,而底部厚度基本不变。子弹壳、雷管套、高压容器、高压锅、波纹管、灭火器壳、易拉罐、多层电容等薄壁管状零件都可以采用变薄拉深的方法来制造。变薄拉深常用的材料包括铜、铝、铝合金、低碳钢、不锈钢、可伐合金等。

5.6.1 变薄拉深的特点

变薄拉深的方法包括两种:一种是壁厚变薄,内径不显著缩小,这种方法应用较多;另一种是壁厚变薄,内径也缩小,这种方法变形和应力比较复杂,筒壁容易拉裂,故不常采用。

图 5.29 所示为变薄拉深的应力一应变状态,变薄拉深的变形区主要集中在材料厚度变薄的局部区域。由于凸凹模间隙小于板材厚度,壁厚方向减薄,产生径向压应力 σ_2,受模具的约束产生切向压应力 σ_3,凸模下行时筒形件侧壁受拉深伸长而产生轴向拉应力 σ_1;在拉应力 σ_1 和径向压应力 σ_2 的作用下,变形区材料产生了轴向拉应变 ε_1 和径向压应变 ε_2,沿圆周方向受切向应力 σ_3 的作用只产生少量的压缩变形,图中忽略了沿圆周方向的应变。

变薄拉深时工件变薄伸长,外表面相对于凹模向下运动,摩擦力的方向与凸模运动方向相反,内表面相对于凸模向上运动,摩擦力的方向与凸模运动方向相同;故外表面的摩擦力使得材料的轴向拉应力增大,内表面的摩擦力使得材料的轴向拉应力减小,从而使材料产生较大的变形。变薄拉深件外径相对于凹模直径的尺寸偏差是由于凹模的弹性变形以及拉深件的弹性恢复造成的,因此可以增大拉深系数、减小变薄率以及增加拉深次数来提高变薄拉深件的外径尺寸精度。

相对于普通拉深,变薄拉深具有以下特点。

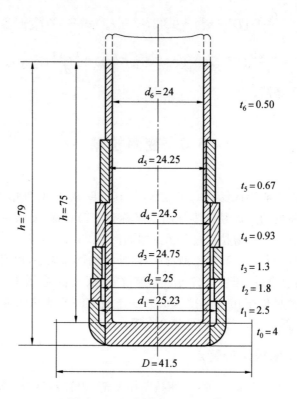

图 5.28　变薄拉深过程示意图

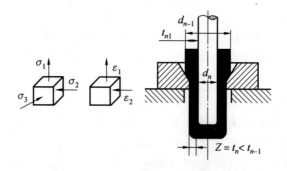

图 5.29　变薄拉深的应力－应变状态

（1）凸凹模间隙小于零件壁厚，毛坯的直壁部分受压，厚度变薄，高度增加。

（2）变形区的材料塑性变形强烈，由于两向受压，因此金属晶粒变细，加工冷作硬化程度大，拉深件的强度有所增加。

（3）变薄拉深的壁厚均匀，壁厚偏差可控制在 ± 0.01 mm 以内，零件表面光滑，经塑性变形后的表面粗糙度值 Ra 可达 0.2 μm 以下。

（4）拉深过程中不会产生起皱问题，不需要压边装置，故模具结构简单；变薄拉深变形区小,切向变形量比一般拉深要小得多,所需的拉深力较小,故冲压成形设备吨位较小。

(5)采用多层凹模进行变薄拉深时,在压床的一次行程中,零件可获得较大的变形程度。

(6)在拉深过程中,板材与模具之间特别是板材与凹模之间存在较大的摩擦,为了避免板材被拉裂,对模具材料以及润滑条件有较高的要求。

(7)变薄拉深零件存在较大的残余应力,因此需要对变薄拉深件低温回火以避免工件在存放过程中产生时效开裂。

5.6.2 变薄拉深变形的特点

变薄拉深的毛坯尺寸按照变形前后体积不变的原则计算确定,即

$$D=1.13\sqrt{K\times\frac{V}{t_0}} \tag{5.45}$$

式中 D——毛坯直径;

K——考虑修边余量和退火烧损系数,一般取 $1.15\sim1.20$;

V——工件体积;

t_0——毛坯厚度。

变薄拉深的变形程度可用变薄系数 φ 来表示,φ 为拉深后的工件截面积与拉深前的毛坯截面积的比值:

$$\varphi=\frac{A_n}{A_{n-1}} \tag{5.46}$$

式中 A_n——第 n 次变薄拉深后工件的截面积。

考虑到变薄拉深过程中毛坯的内径基本不变,即 $d_{n-1}\approx d_n$,因此可用前后两道工序工件壁厚 t_{n-1} 和 t_n 来近似表示,即

$$\varphi=\frac{\pi d_n t_n}{\pi d_{n-1} t_{n-1}}\approx\frac{t_n}{t_{n-1}} \tag{5.47}$$

式中 d_n——第 n 次变薄拉深工件的内径;

t_n——第 n 次变薄拉深工件的壁厚。

变薄拉深系数 φ 越小,工件的变形程度越大,生产中把工件不产生破裂的最小变薄拉深系数称为极限变薄拉深系数,在进行变薄拉深的工艺设计时,变薄系数 φ 须大于材料的极限变薄系数,当变形程度超过极限值时,可采用多道变薄拉深工序。表 5.17 为常见材料的极限变薄拉深系数。

表 5.17　常见材料的极限变薄拉深系数

材料	首次变薄系数 φ_1	中间工序变薄系数	末次变薄系数 φ_n
铜、黄铜（H68、H80）	0.45～0.55	0.58～0.65	0.65～0.73
铝	0.50～0.60	0.62～0.68	0.72～0.77
低碳钢、拉深钢板	0.53～0.63	0.63～0.72	0.75～0.77
中碳钢	0.70～0.75	0.78～0.82	0.85～0.90
不锈钢	0.65～0.70	0.70～0.75	0.75～0.80

5.6.3　多层凹模变薄拉深

　　图 5.30 所示为多层凹模变薄拉深模,应用该模具进行变薄拉深时,可在压床一次行程中完成一次普通拉深和两次变薄拉深。拉深过程中同时有两个或两个以上的凹模在工作,凹模之间零件筒壁产生拉应力,可以减小零件壁厚差,获得较大的变形程度。

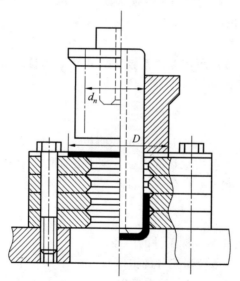

图 5.30　多层凹模变薄拉深

　　工件变薄拉深后壁部所能承受的拉应力的限制导致单模变薄拉深的变形系数不能太小,而多层凹模变薄拉深能充分发挥材料的变形能力,一次拉深其相对变形量可达 90%,比单凹模变薄拉深最大变形程度可提高 70%。由于多层凹模变薄拉深模的凸模长度较长,增加了工件与凸模之间的相对摩擦距离,因此多层凹模变薄拉深时材料变形区的应力和应变情况更加复杂。

　　影响多层凹模变薄拉深的因素很多,除了受到凹模几何参数的影响外,还受到凹模个数、组合形式、凹模间距、各道次拉深变形程度的分配等因素的影响。

5.6.4　变薄拉深模具结构及材料

1. 凸模结构及材料

变薄拉深凸模几何形状如图 5.31 所示。凸模尺寸一般较长,为了便于工件从凸模上脱落,一般凸模沿工件脱模方向设置有 0.2：500 的锥度。为了在变薄拉深过程中将拉深件内部的空气排出,凸模上要设置有气孔,出气孔的直径为 $D_{\text{气孔}} = \left(\dfrac{1}{3} \sim \dfrac{1}{6} \right) d_{\text{凸模}}$。变薄拉深材料为 12Cr18Ni9Ti 的零件时,工件往往会紧紧包裹在凸模上,因此不能采用刮料圈卸料,应在凸模上设置一油嘴,借助液压力卸料。卸件要在变薄拉深结束后立刻进行,否则零件冷却后紧紧卡在凸模上,难以卸下来。

凸模常用材料包括 T10A、CrWMn,工件表面部分粗糙度值 Ra 为 $0.05 \sim 0.2\ \mu\text{m}$,并沿轴向抛光。

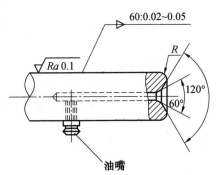

图 5.31　变薄拉深凸模几何形状

2. 凹模结构及材料

变薄拉深凹模几何形状如图 5.32 所示。根据各工序尺寸、各工序件间的变形选择采用单凹模还是多层凹模。单凹模的制模精度容易保证,但是工件一次拉深中集中变形容易产生问题;多层凹模对同轴度、平行度要求较高,制模成本较高,但是分段变形,工件质量容易控制。一般塑性较好的工件可选择单凹模。

凹模的锥角、刃带宽度对变形抗力的影响很大:工作刃带太宽会增加摩擦力,增大拉深力;工作刃带太窄,则模具容易磨损。凹模几何参数见表 5.18。

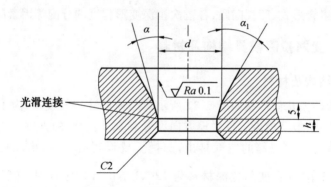

图 5.32　变薄拉深凹模几何形状

表 5.18　凹模几何参数

d	$\leqslant 10$	10~20	20~30	30~50	50
h	0.9	1	1.5~2	2~2.5	2.5~3
α	6°~10°				
α_1	10°~30°				

变薄拉深常用凹模材料包括 CrWMn、Cr12MoV,在进行大量生产时采用 YG8~YG15 硬质合金,材料不进行热处理时硬度可达 HRC86。工作部分表面粗糙度 Ra 值为 0.05~0.2 μm,多层凹模变形量分配为:两层凹模时,上层凹模占 20%~25%,下层凹模占 70%~75%;三层凹模时,上层凹模占 20%~25%,中层凹模占 30%~35%,下层凹模占 40%~50%。

5.7　拉深件的工艺性

5.7.1　拉深件的结构与尺寸

1. 拉深件的形状要求

(1)设计拉深件时,在满足使用要求的前提下,拉深件的形状应尽量简单、对称、具有良好的成形性能、尽可能一次拉深成形。轴对称回转体拉深件在圆周方向上的变形是均匀的,其模具加工容易,工艺性好。图 5.33 所示为半球形拉深件的改进,在半球形的根部增加 30 mm 的直壁,可有效解决起皱问题。

(2)对于其他非对称的拉深件,要尽量避免急剧的轮廓变化。对于半敞开及非对称的零件,可以优先考虑采用双拉深工艺,然后利用剖切工序将其分离成几

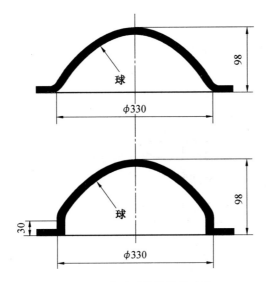

图 5.33　半球形拉深件的改进

个零件,以改善拉深件的受力状态,双拉深如图 5.34 所示。

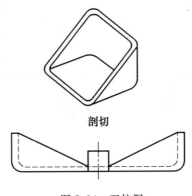

剖切

图 5.34　双拉深

(3)对于形状比较复杂的拉深件,可以采用拉深后将半成品件切离,然后采用焊接手段将其合为一体,复杂零件拉深后切离再焊接为一体如图 5.35 所示。

(4)对于需要多次拉深的零件,在保证必要表面质量的前提下,在拉深过程中应允许内、外表面存在痕迹。

(5)在保证装配要求的前提下,可以允许拉深件的侧壁有一定的斜度,但是必须保证另一端尺寸在公差范围内。

(6)对于宽大凸缘($d_F > 3d$)和较大深度($h > 2$)的拉深件,由于其变形区大,拉深难度大,需要多道次拉深工序才能完成,因此要尽量避免。工件凸缘的外廓也要尽量与拉深部分的轮廓相似,如图 5.36(a),如果凸缘的宽度不一致,如图 5.36(b),不仅增加了拉深难度,需要增加工序,而且还需放宽修边余量,增加材料消耗。

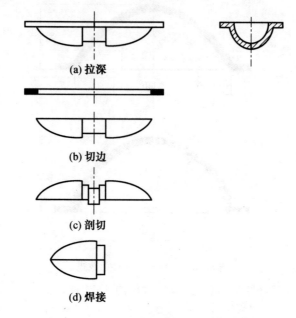

(a) 拉深

(b) 切边

(c) 剖切

(d) 焊接

图 5.35　复杂零件拉深后切离再焊接为一体

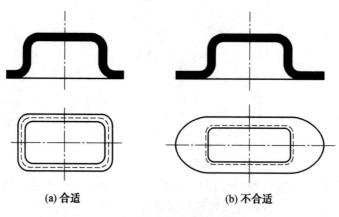

(a) 合适　　　　　　　(b) 不合适

图 5.36　凸缘外形轮廓是否合适

　　(7)设计拉深件时,要明确标注保证外形或内形的尺寸,但是不能同时标注内外形尺寸。对于有台阶的拉深件,其高度方向的尺寸标注一般要以底部为基准,如图 5.37(a)所示,如果以上部为基准,如图 5.37(b)所示,则高度尺寸不易保证。

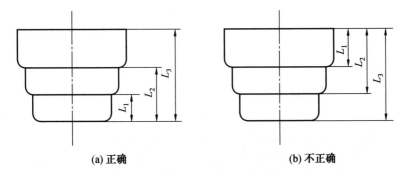

图 5.37　带台阶零件尺寸标注

2. 拉深件圆角半径

拉深件圆角半径应尽量大些,以利于成形和减少拉深次数。

(1)拉深件底部与侧壁间的圆角半径 r_p(图 5.38)应取 $r_p \geqslant t$(t 为板材厚度,mm),为使拉深顺利进行,一般取 $r_p \geqslant (3 \sim 5)t$;如果 $r_p < t$,则应增加整形工序,每整形一次,r_p 可减小一半。

(2)拉深件凸缘与侧壁间的距离 r_d 取 $r_d \geqslant 2t$,为了使拉深顺利进行,一般取 $r_d = (4 \sim 8)t$,对于圆角半径 $r_d \leqslant 0.5$ mm,应增加整形工序。

(3)盒形件四壁间的圆角半径 r 应取 $r \geqslant 3t$。为了减少拉深次数并简化拉深件的坯料形状,尽可能使盒形件圆角半径 $r \geqslant H/7$,H 为盒形件的高度。

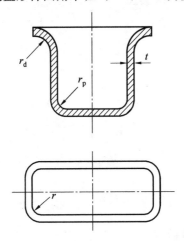

图 5.38　拉深件的圆角半径

3. 拉深件上的孔要合理布置

(1)拉深件上的孔应设置在主要结构面(凸缘面)的同一平面上,或者使孔的轴线与凸缘平面垂直,以便冲孔与修边能够在一道工序中完成。

（2）拉深件侧壁上的孔与凸缘或底部间的距离只有满足 $h \geqslant 2d+t$ 时才能采用冲孔工序冲出，如图 5.39（a）所示，否则该孔只能钻出，图 5.39（b）所示。

（3）拉深件凸缘上的孔间距应满足（图 5.40）：

$$D_1 \geqslant d_1 + 3t + 2r_2 + d \tag{5.48}$$

（4）拉深件的底部孔的直径要满足（图 5.40）：

$$d \leqslant d_1 - 2r_1 - t \tag{5.49}$$

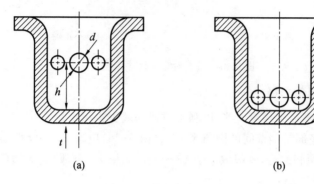

(a)　　　　　　　　　　(b)

图 5.39　拉深件侧壁上的冲孔

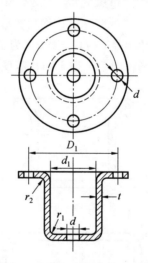

图 5.40　拉深件上孔位的合理布置

5.7.2　拉深件的精度

拉深件的公差包括直径方向与高度方向的尺寸精度，其公差大小与坯料厚度、拉深模精度和拉深方法等因素有关。总体来说，拉深件的精度不宜太高，一般情况下，拉深件的尺寸精度应在 IT13 级以下，不宜高于 IT11 级。对于尺寸精度要求高或带有小的圆角半径的拉深件，可在拉深后增加整形工序。拉深件的壁厚公差要求一般不应超过拉深工艺壁厚的变化规律。据统计,不变薄拉深件的壁厚最大变薄量为$(0.10\sim0.18)t$,壁厚的最大增厚量为$(0.2\sim0.3)t$。

5.7.3　拉深件的材料

用于拉深的材料,一般要求具有良好的塑性、大的硬化指数、小的屈强比、大的板材厚向异形系数和小的板平面各向异性系数。

塑性是指金属在外力的作用下,能稳定地发生永久变形而不破坏其完整性的能力。塑性好的材料,其允许的变形程度就大,拉深过程中零件不易出现筒壁拉裂问题。

硬化指数是表明材料冷变形硬化的重要参数,定义为板材在塑性变形过程中变形强化能力的一种量度,其对板材的冲压性能以及冲压件的质量都有较大的影响。材料的硬化指数n越大,其径向拉应力σ_1与强度极限σ_b的比值径向比例应力的峰值就越低,传力区越不容易拉裂,拉深性能越好。

屈强比是指材料的屈服点(屈服强度)与抗拉强度的比值,即σ_s/σ_b。材料的屈强比越小,一次拉深允许的极限变形程度就越大,拉深的性能就越好。

塑性应变比r是评价金属薄板深冲性能的最重要参数,它反映金属薄板在某平面内承受拉力或压力时,抵抗变薄或变厚的能力。塑性应变比越大的材料,其在拉深过程中抵抗失稳变薄的能力越强,拉深性能就越好。

5.8　拉深模结构设计

5.8.1　拉深模分类

拉深模的分类方式有很多,根据工序顺序可分为首次拉深模和后续各次工序拉深模,它们之间的本质区别在于压边圈结构和定位方式的不同;按有无压边装置可分为无压边装置拉深模和有压边装置拉深模;根据使用的压力机类型不同可分为单动压力机用拉深模、双动压力机用拉深模、三动压力机用拉深模以及特种压力机用拉深模;根据工序组合情况不同可分为单工序拉深模、复合工序拉深模、级进式拉深模;根据拉深件的大小,拉深模可分为大型覆盖件拉深模和中小型件拉深模;按出料的方向可分为下出件拉深模与上出件拉深模等。

5.8.2　拉深模典型结构

1. 首次拉深模

(1)无压边装置首次拉深模。

　　无压边装置首次拉深模结构简单,其上模一般为整体结构,这种拉深模一般用于板材壁厚大于 2 mm 以及拉深变形程度不大的拉深件。为了避免在拉深过程中拉深件紧贴在凸模上导致难以取件,一般需要在凸模上设置直径不大于 3 mm 的通气孔。图 5.41(a)所示为下出料方式的首次拉深模,拉深完成后工件口部产生回弹,凸模 1 回程时拉深件被凹模 3 底部台阶刮落,由压力机的工作台孔出料;图 5.41(b)所示为上出料方式的首次拉深模,拉深完成后由橡胶 8 产生的弹力推动顶杆 7 和顶板 6 向上运动将拉深件由凹模上部顶出。

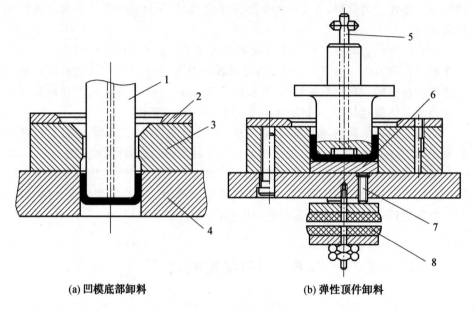

(a) 凹模底部卸料　　　　　　　　　　　(b) 弹性顶件卸料

图 5.41　首次拉深模

1—凸模;2—定位板;3—凹模;4—下模座;5—打杆;6—顶板;7—顶杆;8—橡胶

(2)有压边装置首次拉深模。

　　压边装置可分为弹性压边装置与刚性压边装置,弹性压边装置包括橡皮压边装置、弹簧压边装置、气垫式压边装置与带限位装置的压边圈。图 5.42 所示为有压边装置倒装拉深模,它的压边力由弹性元件的压缩行程决定。弹性元件安装在上模时为正装拉深,安装在下模时为倒装拉深。正装拉深时的压边圈和弹性元件安装在上模,导致凸模长度较长,弹性元件的压缩行程较短,提供的压边力较小,因此主要用于拉深深度不大的拉深件;倒装拉深模的弹性元件装在下模座压力机工作台面的孔中,有较大的压缩行程,能提供较大的压边力,因此可以拉深深度较大的拉深件,在拉深模具中应用较多。

2. 以后各次拉深模

　　后续拉深用的毛坯是已经过首次拉深的半成品筒形件,而不再是平板毛坯,

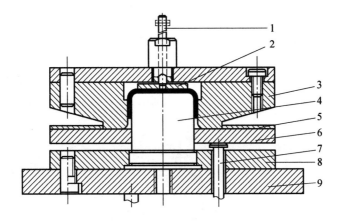

图 5.42 有压边装置倒装拉深模

1—打杆;2—推板;3—凹模;4—凸模;5—定位板;6—压边圈;

7—卸料螺钉;8—凸模固定板;9—下模座

因此其定位装置与压边装置和首次拉深模是完全不同的。

(1)无压边装置后续拉深模。

图 5.43 所示为无压边装置后续拉深模,该模具不能进行严格的多次拉深,适用于直径缩小或整形,对于壁厚要求一致或尺寸精度要求较高的拉深件也适用。无压边装置后续拉深模的凹模一般采用锥形结构,零件在拉深时变形区呈锥形,切向应力有所减小,抗失稳能力加强,从而使拉深件具有一定的抗起皱能力。

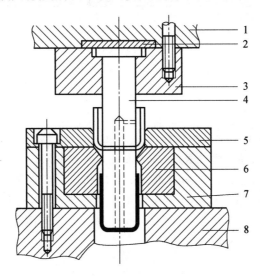

图 5.43 无压边装置后续拉深模

1—上模座;2—垫板;3—凸模固定板;4—凸模;5—定位板;6—凹模;7—凹模固定板;8—下模座

(2)有压边装置后续拉深模。

图 5.44 所示为有压边装置后续拉深模,这种结构是后续拉深模广泛使用的一种形式,压边圈 6 兼作半成品零件的定位圈。由于再次拉深的工件一般较深,为了防止弹性压边力随着拉深深度的增大而增大,导致材料拉裂,在压边圈上安装了限位柱 5 来调节凹模 4 与压边圈 6 之间的间隙,从而控制压边力。

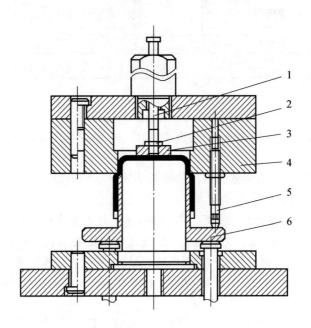

图 5.44　有压边装置后续拉深模
1—推杆;2—卸料螺钉;3—推板;4—凹模;5—限位柱;6—压边圈

3. 反拉深模

反拉深是区别于一般正向拉深的一种拉深方法,是从筒形件毛坯的底部反向压下,使毛坯内表面变为外表面,外表面变为内表面的一种拉深方法。图 5.45 所示为反拉深模具,它适用于薄料进行第二次和以后各次的拉深。由于它可以增大径向拉力和避免起皱,所以不仅可用于筒形件拉深,还较广泛用于半球形件、抛物线形件等特殊形状工件的拉深;反拉深时由于凹模 4 的圆角半径不能太小,故不适用于直径小而厚度大的工件。

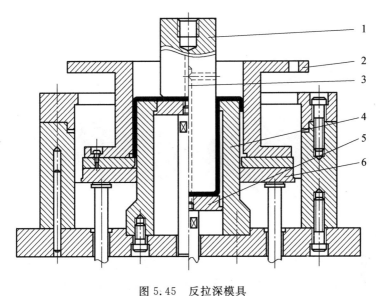

图 5.45　反拉深模具
1—凸模;2—压边圈;3—排气孔;4—凹模;5—卸料板;6—定位板

5.9　拉深工艺的智能化制造

板材成形自动化与智能化制造是板材成形工艺发展的更高阶段,是未来加工生产的发展趋势,在国内外相关领域越来越受到重视。板材加工的智能化控制包括实时监测、实时识别、实时预测和实时控制这四个基本要素,其中,实时识别和实时预测是其中最复杂的两个关键技术。比如说,板材拉深的过程中,不同牌号的板材拉深性能不同,即使是同一牌号但是不是同一批次的板材之间也会存在性能差异。智能化拉深就是要实现根据拉深过程中实时监测的物理量,比如拉深力、拉深行程、压边力等,实时识别出表征不同板材的性能参数,比如硬化指数、强度系数、厚向异性系数及摩擦系数等;然后根据这些板材的性能参数实时预测出优化的工艺参数,比如拉深过程中的压边力变化曲线等,并且对压边力、行程等进行实时控制。

变压边力的控制技术目前是实现上述功能的一种简单有效的手段,所以目前板材智能化拉深研究主要是针对变压边力开展的。图 5.46 所示为不同压边力条件下方盒形件拉深对比,可以明显看出压边力能够有效抑制侧壁起皱。每一个拉深过程都需要根据成形条件、成形工艺确定较优的工艺参数,包括拉延筋、压边力等。在板材拉深初期,通过监测拉深过程中的物理量,如拉深力、拉深行程、压边力等,实时映射出与之对应的板材性能参数(硬化指数 n、强度系数 B、

各向异性系数 r)及工况系数(摩擦系数)。识别程序采用了优化的神经网络识别方案,识别阶段选在拉深初期 2～20 mm,识别精度较高,识别误差控制在 2% 以内。然后通过塑性理论分析以及神经网络预测模型,结合已识别出的板材性能参数、工况条件确定合理的变压边力方案。

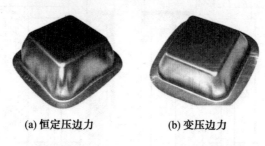

(a) 恒定压边力　　　　　　(b) 变压边力

图 5.46　不同压边力条件下方盒形件拉深对比

图 5.47 所示为钢冷轧板恒压边力条件下拉深破裂、起皱临界条件,图中 Q_{rup} 为破裂临界压边力曲线,Q_{fwr} 为法兰起皱临界压边力曲线,Q_{up} 和 Q_{low} 分别是根据上述两条临界压边力曲线的极点定义的恒压边力曲线。Q_{wwr} 是根据实验结果定性给出的起皱临界压边力变化曲线。实验点数据表明,变压边力条件能够在工件不破裂的前提下最大限度地抑制侧壁起皱、法兰起皱和侧壁拉应力不足等现象,且压边力沿着破裂临界压边力曲线趋势加载对成形是非常有利的。

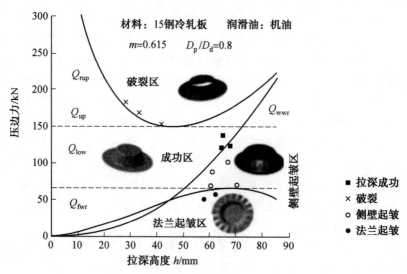

图 5.47　钢冷轧板恒压边力条件下拉深破裂、起皱临界条件

基于上述变压边力控制成形理论,采用人工智能、神经网络技术,利用智能化拉深实验系统对钢冷轧板拉深,实时预测出最优压边力控制曲线并按照该曲线进行加载,最终实现板材拉深的智能化控制,图 5.48 所示为钢冷轧板智能化

拉深锥形件。

图 5.48　钢冷轧板智能化拉深锥形件

习　　题

5.1　什么是拉深成形？其在航空航天中有哪些应用？

5.2　简述筒形件拉深过程及特点。

5.3　什么是拉深系数？什么是极限拉深系数？

5.4　简述拉深过程中材料起皱的原因和条件。防皱措施有哪些？

5.5　凸模和凹模圆角半径怎么计算？

5.6　凸缘件拉深有什么特点？

5.7　盒形件拉深有什么特点？

5.8　变薄拉深有什么特点？

5.9　拉深模具如何分类？

第6章　航空中的其他成形工艺

随着航空航天技术的快速发展,航空航天器推进系统及承载结构中大量采用了高强轻质合金的复杂曲面构件、走向及结构复杂的导管系统等,传统制造方式难以满足生产加工需求。针对不同种类的难加工零部件,技术人员开发了相应的成形手段,可以很好地满足需求。本章将对其中的部分成形工艺进行介绍。

6.1　胀　形

胀形是指利用压力使空心工件或管坯由内向外扩展,使其表面积增大,厚度减小而成形为所需曲面零件的一种钣金成形工艺。航空航天钣金件的其他成形技术主要用于成形结构特殊、形状复杂、钣金成形难以成形的零件,需要专用的设备与成形工装,确保零件的几何尺寸和表面质量。胀形在航空航天工业、汽车工业等行业中应用广泛,如汽车桥壳与副油箱蒙皮均为胀形成形。

6.1.1　胀形成形特点

图6.1所示为平板毛坯胀形示意图。毛坯初始直径为 D,变形过程中,由于毛坯法兰部分被约束,该部分的金属不能流动,变形前直径为 d 的平板部分变形后成为球面部分。从以上变形分析,可归纳出胀形变形有如下特点。

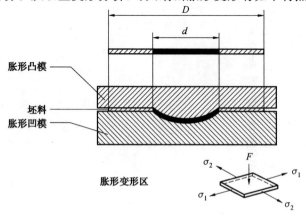

图6.1　平板毛坯胀形示意图

（1）毛坯的塑性变形局限于一个固定的变形范围内，板材不向变形区外转移；变形区内板材表面局部增大，迫使胀形变形中板厚变薄。

（2）变形区受两向拉应力作用，属伸长类变形，其成形极限与材料塑性及塑性成形稳定性有关，失效形式主要是拉裂。

（3）由于受双向拉应力，而且沿厚度分布均匀，因此不易失稳起皱，回弹小，尺寸精度高，表面质量好。

6.1.2　胀形的航空航天应用/案例分析

胀形在航空航天领域应用较广泛，其中航空航天管件连接方式对密封性的要求很高，常用到胀形工艺对其进行连接。

液压胀形连接是一种基于流体的变形连接工艺，目前此工艺应用领域主要包括管束式换热器、凸轮轴以及轻型结构框架。液压胀形连接的成形过程可分为 3 个步骤，如图 6.2 所示，首先将带凹槽的接头套在管子上，并将注水探针放入管中，然后通过注水探针向输液管中注入加压流体（水或其他液体媒介），当流体的压力超过管子的屈服强度时，管壁发生塑性变形并与接头的内壁相接触，管壁被挤压入接头的凹槽中，当流体的压力进一步增加，会导致管壁与接头的同时膨胀，最大的流体压力不能超过接头的屈服强度，最后释放流体压力，管子与接头同时发生回弹，由于管壁的回弹量小于接头的回弹量，二者之间形成过盈配合。胀形成形的副油箱蒙皮如图 6.3 所示。

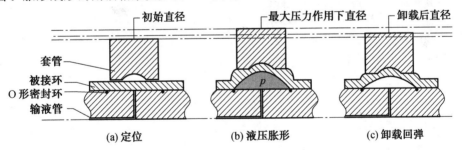

图 6.2　胀形连接的成形过程

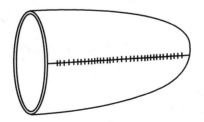

图 6.3　胀形成形的副油箱蒙皮

6.1.3 平板毛坯起伏胀形

从坯料形状看,胀形成形可分为平板毛坯起伏胀形和圆柱形空心毛坯胀形。

平板毛坯起伏胀形俗称局部胀形,可以压制凸包、凹坑、加强筋、花纹图案及标记等,下面以加强筋为例,进行分析。

1. 胀形变形程度

胀形变形程度主要受到材料力学性能、筋的形状分布、模具结构及润滑效果等因素影响,简单的起伏状加强筋零件平板坯料胀形前后长度如图 6.4 所示。

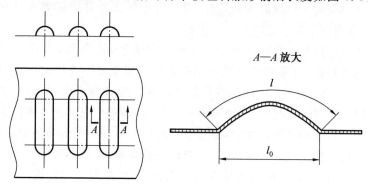

$A—A$ 放大

图 6.4 平板坯料胀形前后长度

其极限变形程度可按下式近似确定:

$$\frac{l-l_0}{l_0} < (0.7 \sim 0.75)\delta \tag{6.1}$$

式中 l_0——变形前胀形区长度,mm;

l——变形后胀形区周长,mm;

δ——该材料的伸长率。

满足上式,则可通过胀形一次成形。

2. 胀形力

使用刚模压制加强筋时,所需冲压力可用下式估算:

$$p = Klt\sigma_b \tag{6.2}$$

式中 K——系数,一般取 $0.7 \sim 1.0$(加强筋高宽比较大时取值较大,反之取值较小);

t——材料厚度,mm;

σ_b——材料的抗拉强度,MPa。

使用软模胀形成形时,所需单位压力 p' 可从胀形变形区内板材的平衡条件求得。在图 6.4 所示的胀形过程中的单位压力 p' 可按下式进行近似计算:

$$p' = \frac{kt}{R}\sigma_s \qquad (6.3)$$

式中　R——胀形区半径,mm;

　　　σ_s——材料的屈服应力,MPa;

　　　k——长度很长的加强筋成形时,$k=1$,球胀形成形时,$k=2$。

6.1.4　圆柱形空心毛坯胀形

空心毛坯胀形是将空心工件或管状毛坯沿径向往外扩张的冲压成形工序,产品如壶嘴、皮带轮、波纹管、各种接头等。

1. 胀形变形程度

空心毛坯胀形时,材料受拉应力作用产生拉深变形,其极限变形程度用胀形系数 K_p 表示,胀形程度示意图如图 6.5 所示。

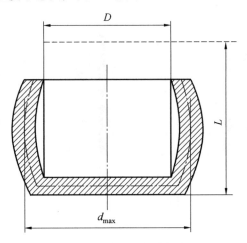

图 6.5　胀形程度示意图

$$K_p = \frac{d_{max}}{D} \qquad (6.4)$$

式中　d_{max}——胀形后零件的最大直径,mm;

　　　D——空心坯料的原始直径,mm。

由胀形系数与延伸率的定义可知两者关系为

$$K_p = 1 + \delta \qquad (6.5)$$

坯料高度:

$$L = l_h[1 + (0.3 \sim 0.4)\delta] + b \qquad (6.6)$$

式中　L——变形区母线高度,mm;

　　　l_h——凹模高度,mm;

　　　b——修边余量,一般取 $b = 10 \sim 20$ mm。

2. 胀形力

（1）软模胀形。

软模胀形所需单位压力可由变形区内微单元体的平衡条件求出，软模胀形力示意图如图 6.6 所示，当毛坯两端不固定，允许轴向收缩时：

$$p' = \left(\frac{t}{r}\right)\sigma_s \tag{6.7}$$

当毛坯两端固定且不允许收缩时：

$$p' = \left(\frac{t}{r} + \frac{t}{R}\right)\sigma_s \tag{6.8}$$

式中 p'——胀形所需的单位压力，MPa；

r、R——胀形试样沿轴向和径向的曲率半径，mm。

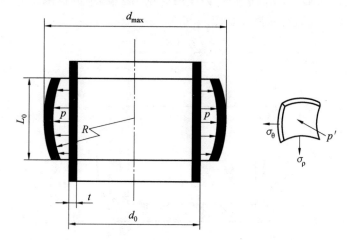

图 6.6　软模胀形力示意图

（2）刚模胀形力。

刚模胀形力可按下式计算：

$$F = 2\pi H t_0 \sigma_b \frac{\mu + \tan\beta}{1 - \mu^2 - 2\mu\tan\beta} \tag{6.9}$$

式中 H——胀形高度，mm；

σ_b——材料的抗拉强度，MPa；

β——芯轴半锥角，一般为 8°、10°、12°、15°；

t_0——材料初始厚度，mm；

μ——工件与凹模接触面摩擦系数。

6.1.5　胀形模具

胀形模具一般分为刚性胀形模、固体软胀形模具和液压胀形模具。

对于平板毛坯,采用刚性冲模较为实用,效率也较高。对于圆柱形空心毛坯胀形时,虽然也可以采用刚性冲模,但冲模需要分瓣,模具结构较为复杂,很难得到精确度较高的零件,所以生产中也常用到软模对毛坯进行胀形,胀形实用的软模介质有橡胶、PVC 塑料石蜡、高压液体和压缩空气等。用刚性凸模的胀形如图 6.7 所示,加轴向压缩的液体胀形如图 6.8 所示,固体软凸模胀形如图 6.9 所示。

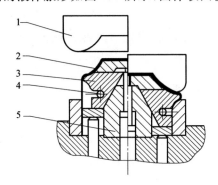

图 6.7　用刚性凸模的胀形
1—凹模;2—坯料;3—分瓣凸模;4—拉簧;5—锥形芯块

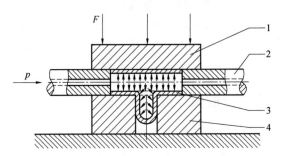

图 6.8　加轴向压缩的液体胀形
1—上模;2—轴头;3—坯料管;4—下模

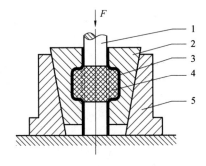

图 6.9　固体软凸模胀形
1—凸模;2—凹模;3—毛坯;4—软体介质;5—外楔

6.2 翻 边

翻边是指在模具的作用下,将坯料的孔边缘或外边缘冲制成竖直立边的成形方法。利用翻边成形可以加工各种具有特殊空间形状和良好刚度的立体零件,在大型钣金件成形时,还能利用翻边改善材料塑性流动,控制破裂或褶皱的出现。

6.2.1 翻边成形特点

当翻边的沿线是一条直线时,翻边成形就转变成为弯曲,所以也可以说弯曲是翻边的一种特殊形式。但弯曲时毛坯的变形仅局限于弯曲线的圆角部分,而翻边时毛坯的圆角部分和边缘部分都是变形区,所以翻边变形比弯曲变形复杂得多。

用翻边方法可以加工形状较为复杂且有良好刚度的立体工件,能在冲压件上制取与其他产品零件装配的部位,如飞机机翼的肋板侧壁与孔洞、客车中墙板翻边、客车脚蹬门压铁翻边、金属板小螺纹孔翻边等。翻边可以代替某些复杂工件的拉深工序,改善材料的塑性流动性以免破裂或起皱,代替先拉后切的方法制取无底工件,可减少加工次数,节省材料。

6.2.2 翻边的航空航天应用

翻边在飞机上的应用较多,常见的翻边零件有隔板、前缘肋、腹板、加强件等,图 6.10、图 6.11 所示为隔板零件、前缘肋上的翻边。

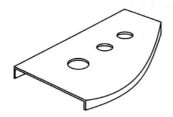

图 6.10 隔板零件上的翻边   图 6.11 前缘肋上的翻边

6.2.3 内孔翻边

按翻边的工艺特点可分为内孔翻边、外缘翻边,当翻边是在坯料的内孔进行时,称为内孔翻边;当翻边是在坯料的外缘进行时,称为外缘翻边。

1. 圆孔类翻边

(1)变形特点。

圆孔翻边示意图如图 6.12 所示,翻边前坯料内孔直径为 d。翻边过程中,坯料在凸模的作用下,孔径 d 不断扩大,最后变为直径为 D 的竖边。翻边变形区是内径为 d、外径为 D 的环形区域。

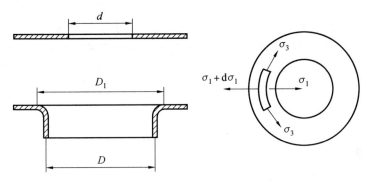

图 6.12　圆孔翻边示意图

圆孔翻边时,毛坯变形区受双向拉应力作用——径向拉应力 σ_1 和切向拉应力 σ_3,其中切向拉应力为最大应力,径向拉应力远小于切向拉应力;在翻边区域的内边缘上坯料为单向应力状态——仅受切向拉应力作用。

翻边时,环形翻边区的切向发生伸长变形,随着翻边的进行,孔边缘的变形量不断增大,翻边结束应变达到最大值 $\varepsilon_{1\max}=\ln\dfrac{D}{d}$,卸载后变形区的径向发生收缩,翻边高度略有减小。环形翻边区的厚度在翻边过程中不断减薄,孔边缘减薄最多,其值可用以下公式进行估算:

$$t_1=t\sqrt{\dfrac{d}{D}} \tag{6.10}$$

式中　t——翻边后竖边边缘厚度;

　　　t_1——毛坯原始厚度;

　　　d——翻边前孔的直径;

　　　D——翻边后孔的直径。

(2)变形程度。

圆孔类翻边的变形程度用翻边系数表示,即

$$K=\dfrac{d}{D} \tag{6.11}$$

K 值越小,表示翻孔时的变形程度越大。

翻孔时孔口边缘不破裂所能达到的最小 K 值,称为极限翻孔系数,其影响因素如下。

①材料性能。材料塑性以及塑性变形稳定性对极限翻边系数有较大影响，延伸率及硬化系数越大，翻边的极限变形程度就越大。

②凸模形状。凸模形状为平底、球底、圆锥底可依次提高极限翻边变形程度。

③预制孔状态。圆孔翻边与孔边缘的状态密切相关。对于冷轧低碳钢，切削边缘的变形极限大于冲裁边缘的变形极限。由于冲裁边缘产生的加工硬化层、表面凹凸不平、裂纹等缺陷较多，其变形极限小于切削孔的变形极限。

翻边的工艺方法，如钻出的孔相比冲出的孔有更小的 K 值；翻边的方向与冲孔的方向相反时，有利于减小孔口开裂。

(3)圆孔翻边的工艺计算。

如图 6.13 所示的预制孔直径的确定公式为

$$d = D - 2(H - 0.43r - 0.72t) \tag{6.12}$$

上式可转化为竖边高度 H 的计算式：

$$H = \frac{D-d}{2} + 0.43r + 0.72t = \frac{D}{2}(1-K) + 0.43r + 0.72t \tag{6.13}$$

式(6.13)中，当 K 取 $K_{\min}$（最小值）时，H 达到 $H_{\max}$（最大值）。当 $H > H_{\max}$，一次圆孔翻边成形可能会导致零件孔口边缘出现破裂，此时应采用多次圆孔翻边成形、加热翻边成形或先拉深后翻边成形的工艺方法。采用多次翻孔时，每两次翻孔间需加退火工序，第一次翻孔后的极限翻边系数 $K_{\min}$ 可取 $1.15 \sim 1.20$，需要注意的是，多次翻边坯料竖边壁厚变薄严重，若不允许壁厚严重变薄，可采取先拉深、冲孔，最后进行翻孔的方法。

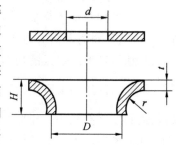

图 6.13　圆孔翻边工艺图

如图 6.14 所示，高度 h（以中线计算）按下式计算：

$$h = \frac{D-d}{2} + 0.57r = \frac{D}{2}(1-K) + 0.57r \tag{6.14}$$

预制孔的直径 d：

$$d = KD \text{ 或 } d = D + 1.14r - 2h \tag{6.15}$$

拉深高度 h'：

$$h' = H - h + r \tag{6.16}$$

用圆柱平底凸模时，翻孔力的计算式为

$$F = 1.1\pi t\sigma_{\text{s}}(D-d) \tag{6.17}$$

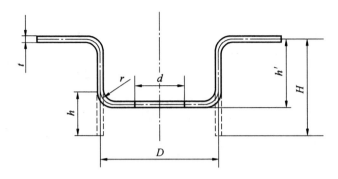

图 6.14　拉深后的翻边示意图

采用锥形或球形凸模时,翻孔力略小于上式的计算值。

2. 不规则孔类翻边

(1)变形特点。

如图 6.15 所示,不规则孔类翻边的孔缘由椭圆、矩形以及凹凸弧和直线组合而成,根据开口轮廓的形状分段分析,翻边成形过程包括了伸长类翻边(Ⅰ)、简易弯曲(Ⅱ)以及压缩类翻边(Ⅲ)成形,因此这类不规则孔类翻边属于"伸长类翻边-简易弯曲-压缩类翻边"的复合成形。

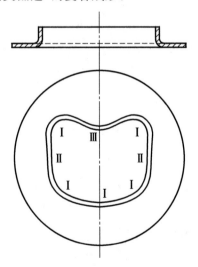

图 6.15　不规则孔类翻边示意图

不规则孔类翻边所用的预制孔形状和尺寸可根据各段孔缘曲线的性质分别按圆孔翻边、弯曲与拉深计算。通常翻边后弧线段的竖边高度较直线段竖边高度稍低,为消除误差,弧线段的展开宽度应比直线段大 5%～10%。计算出的孔形应加以适当修正,使各段孔缘能平滑过渡。

　　不规则孔类翻边时,要对最小圆角部分进行允许变形程度的核算。由于材料是连续的,不同部分之间的变形也是连续的,伸长类翻边区的变形可以扩展到与其相连的简易弯曲区或压缩类翻边区,从而可减轻伸长类翻边区的变形程度,因此,最小圆角部分极限翻边系数比相应的圆孔翻边要小一些。

　　(2)变形程度。

　　不规则孔类翻边系数 K'(一般指小圆弧部分的翻边系数)可小于圆孔翻边系数 K,可用下式估算:

$$K' = (0.85 \sim 0.95)K \tag{6.18}$$

6.2.4　外缘翻边

　　翻边过程发生在毛坯外缘的称为外缘翻边,按变形性质可分为伸长类翻边和压缩类翻边两类。

1. 伸长类翻边

　　(1)变形特点。

　　沿内凹且不封闭曲线进行的平面或者曲面翻边均属伸长类翻边,其示意图如图 6.16 所示,其共同特点是坯料变形区主要在切向拉应力作用下产生切向伸长变形,因此边缘容易拉裂。

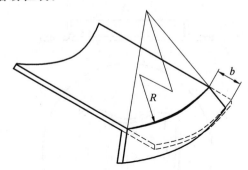

图 6.16　伸长类翻边示意图

　　(2)变形程度。

　　伸长类翻边的变形程度常用 ε_s 表示:

$$\varepsilon_s = \frac{b}{R-b} \tag{6.19}$$

　　翻边时由于形状、曲率等因素影响,应力在边缘变形区分布不均匀会造成翻边后零件的竖立边高度中间低两端高的现象,为得到平齐的翻边高度,翻边前应对坯料的两端轮廓线做一定修正。

　　(3)冲压力与缺陷控制。

　　伸长类曲面翻边时,坯料底部中间位置易出现起皱现象,模具设计时应采用强力压料装置来防止。另外,为创造有利于翻边的条件,防止中间部位过早地翻边而引起竖立边产生过大的伸长变形甚至开裂,设计模具时应使凸模和顶料板形状与工件相同,而凸模的曲面应修正成图 6.16 所示形状,同时应调整坯料或模具保证翻边作用力汇集在冲压方向(通常取冲压方向与坯料两端切线构成的角度相同)。

2. 压缩类翻边

(1)变形特点。

沿外凸的不封闭的曲线进行的平面或曲面翻边均属于压缩类翻边,其示意图如图 6.17 所示,其特点为坯料变形区内主要受切向压应力,故成形时工件容易起皱。

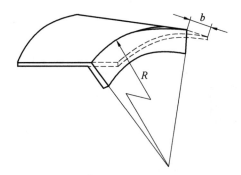

图 6.17　压缩类翻边示意图

(2)变形程度。

压缩类翻边的变形程度常用 ε_s 表示:

$$\varepsilon_s = \frac{b}{R-b} \tag{6.20}$$

由于翻边时竖立边缘的应力分布不均匀,翻边后毛坯的高度会出现中间高两端低的现象,为得到齐平的竖立边,应对坯料的展开形状加以修正。

(3)冲压力与缺陷控制。

压缩类曲面翻边的问题主要是变形区的失稳起皱,为防止起皱,应对凹模形状进行修正,冲压方向的选择原则与伸长类翻边时相同。

6.2.5　翻边模具

圆孔翻边时,材料沿切向伸长,其端面的材料变薄非常严重。这时凸模和凹模之间的间隙选取应小于原来的材料厚度,一般可取 $C=0.85t$。平面毛坯翻边及采用拉深件进行翻边时,模具工作部分的间隙值分别列于表 6.1 和表 6.2。

圆孔翻边后,其内径略有缩小。因此,当孔的内径有公差要求时,凸、凹模直径的尺寸可按下式来确定:

设翻孔的内径为 $d^{+\Delta d}_0$，则凸模直径：

$$D_p = (d + \Delta d)^0_{-\delta_p} \tag{6.21}$$

凹模直径：

$$D_d = (d + \Delta d + 2C)^0_{-\delta_d} \tag{6.22}$$

式中　d——翻孔内径；

　　　δ_d、δ_p——凸模和凹模的制造公差，一般采用 IT7～IT9 级精度。

表 6.1　平面毛坯圆孔翻边时凸模和凹模之间的间隙(单面)

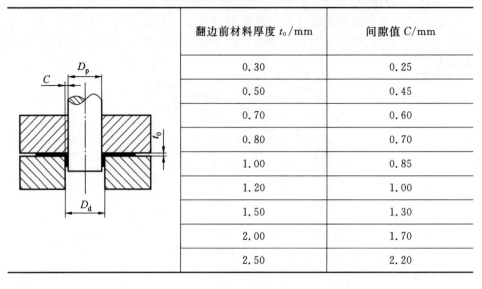

翻边前材料厚度 t_0/mm	间隙值 C/mm
0.30	0.25
0.50	0.45
0.70	0.60
0.80	0.70
1.00	0.85
1.20	1.00
1.50	1.30
2.00	1.70
2.50	2.20

表 6.2　预先拉深后翻边时凸模和凹模之间的间隙(单面)

翻边前材料厚度 t_0/mm	间隙值 C/mm
0.80	0.60
1.00	0.75
1.20	0.90
1.50	1.10
2.00	1.50
2.50	2.10

6.3　缩　口

　　缩口成形是对管状坯料或预先拉深过的空心工件口径缩小的一种工艺方法,缩口工序的应用比较广泛,可用于子弹壳、炮弹壳、钢制气瓶、自行车车架立管、自行车坐垫鞍管等零件的成形。对细长的管状类零件,有时用缩口代替拉深可取得更好的效果。

6.3.1　缩口成形特点

　　缩口成形示意图如图 6.18 所示。缩口成形时,在模具的作用下,坯料的变形区切向和轴向受到压应力的作用,发生切向收缩,轴向伸长变形,同时厚度增加。变形区和传力区的失稳起皱是限制其成形极限的主要因素。缩口一般安排在拉深半成品修边后或管材下料后进行。因此,在缩口前首先要去除口边毛刺,必要时为了得到大的变形度,对坯料应进行退火处理。另外,缩口模的凸凹模表面粗糙度的等级一定要高,并且在缩口过程中,要加以适当地润滑,以保证缩口零件制品的精度及表面质量。

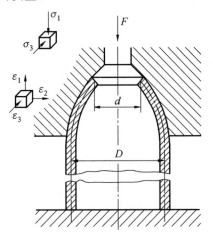

图 6.18　缩口成形示意图

6.3.2　缩口变形程度

　　缩口变形程度是以切向收缩变形的大小来衡量的,常用缩口系数 k 来表示:

$$k = d/D \tag{6.23}$$

式中　d——工件开口端要求缩小的最后直径;

D——空心毛坯的直径。

缩口前后坯料的端口直径变化不宜过大,否则端部材料会因受到压缩变形而发生起皱,因此,可以在毛坯内插入芯棒或进行多次缩口。对于特定的缩口成形,存在一个不产生失稳的临界缩口系数,此临界缩口系数称为极限缩口系数 k_0,表 6.3 为不同厚度黄铜和钢的平均极限缩口系数,表 6.4 为极限缩口系数。

表 6.3　不同厚度黄铜和钢的平均极限缩口系数

材料	材料厚度 t/mm		
	<0.5	0.5~1	>1
黄铜	0.85	0.7~0.8	0.65~0.7
钢	0.85	0.75	0.65~0.7

表 6.4　极限缩口系数

材料	支撑方式		
	无支撑	外支撑	内外支撑
软钢	0.70~0.75	0.55~0.60	0.30~0.35
黄铜 H62,H68	0.65~0.70	0.50~0.55	0.27~0.32
铝	0.68~0.72	0.53~0.57	0.27~0.32
硬铝(退火)	0.73~0.80	0.60~0.63	0.35~0.40
硬铝(淬火)	0.75~0.80	0.68~0.72	0.40~0.43

1. 缩口次数

与拉深工艺类似,缩口次数根据工件的实际缩口系数与极限缩口系数确定,若工件的缩口系数 k 小于允许的极限缩口系数 k_0 时,则需进行多次缩口,缩口次数 n 按下式进行估算:

$$n = \frac{\lg k}{\lg k_0} = \frac{\lg d - \lg D}{\lg k_0} \tag{6.24}$$

计算所得的缩口次数 n,其小数部分的数值不得四舍五入,而应取较大的整数值。多次缩口时,最好每次缩口工序之后进行中间退火,各次缩口系数可参考下面公式确定。

首次缩口系数:

$$k_1 = 0.9 k_0 \tag{6.25}$$

以后各次缩口系数:

$$k_n = (1.05 \sim 1.10) k_0 \tag{6.26}$$

各次缩口后的直径为

$$d_1 = k_1 D, \quad \cdots, \quad d_n = k_n d_{n-1} \tag{6.27}$$

2. 缩口高度

缩口成形时坯料发生轴向伸长，成形结束后其高度 H 发生变化，缩口参数示意图如图 6.19 所示。毛坯的计算公式如下。

对于图 6.19(a) 所示形式，有

$$H = 1.05 \left[h_1 + \frac{D^2 - d^2}{8D \sin \alpha} \left(1 + \sqrt{\frac{D}{d}} \right) \right] \tag{6.28}$$

对于图 6.19(b) 所示形式，有

$$H = 1.05 \left[h_1 + h_2 \times \sqrt{\frac{d}{D}} + \frac{D^2 - d^2}{8D \sin \alpha} \left(1 + \sqrt{\frac{D}{d}} \right) \right] \tag{6.29}$$

对于图 6.19(c) 所示形式，有

$$H = h_1 + \frac{1}{4} \left(1 + \sqrt{\frac{D}{d}} \right) \sqrt{D^2 - d^2} \tag{6.30}$$

式中　H——坯料的高度，mm；

　　　h_1——缩口后未变形区域的高度，mm；

　　　D——缩口前直径（中径），mm；

　　　d——工件缩口部分直径，mm。

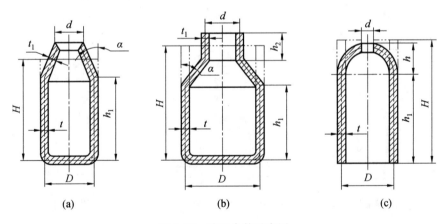

图 6.19　缩口参数示意图

缩口凹模的半锥角 α（图 6.19(a)）对缩口成形有重要作用，一般使 $\alpha < 45°$，最好使 α 在 30° 以内。当模具有合理的半锥角 α 时，允许的极限缩口系数 k_0 相对合理，比平均缩口系数小 10%～15%。由于回弹，缩口后工件端口尺寸要比模具尺寸增大 0.5%～0.8%。

3.缩口力 F 的计算

对于如图 6.19(a)所示的锥形缩口件,若无内支撑,缩口力 F 为

$$F=k\left[1.1\pi Dt\sigma_s\left(1-\frac{d}{D}\right)(1+\mu\cot\alpha)\frac{1}{\cos\alpha}\right] \quad (6.31)$$

式中　F——缩口力,N;

　　　t——缩口前料厚,mm;

　　　μ——工件与凹模接触面摩擦系数;

　　　σ_s——材料屈服强度,MPa;

　　　α——凹模圆锥半锥角;

　　　k——速度系数,在曲轴压力机上工作时,$k=1.15$。

6.3.3　缩口模具

缩口模具的支撑形式一般有三种:一种是无支撑,如图 6.20(a)所示,这种模具结构简单,但稳定性较差,缩口成形过程易发生压缩失稳起皱;第二种是外部支撑,成形过程中,底座和下模为毛坯提供外部支撑,如图 6.20(b)所示,这种模具结构复杂,但缩口过程中坯料的稳定性较好,允许的极限缩口系数也较小;第三种是内外支撑,如图 6.20(c)所示,成形过程中,除外部支撑外,芯棒与坯料内部贴合,提供内部支撑,内外双重结构为缩口成形提供良好的支撑,允许的极限缩口系数也更小。

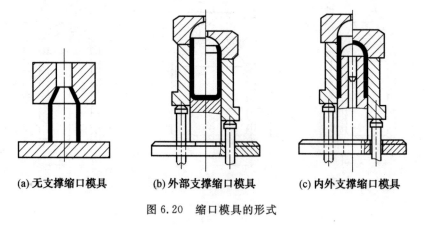

(a)无支撑缩口模具　　　(b)外部支撑缩口模具　　　(c)内外支撑缩口模具

图 6.20　缩口模具的形式

6.4　旋　压

旋压是指将平板或空心坯料固定在旋压机模具上,在坯料随机床主轴转动

的同时,用旋轮或旋压棒加压于坯料,使之产生局部的塑性变形。

旋压成形示意图如图 6.21 所示,芯模 4 安装在主轴上,空心坯料用顶块 1 紧紧压在芯模 4 上,当主轴开始旋转,坯料在顶块的压力作用下与主轴一同旋转。操作旋压轮对坯料施加压力并做线性进给运动,旋压轮的运动轨迹与成形零件的母线一致。坯料在旋压轮的作用下,产生间断的局部塑性变形,与芯模相贴合,最后获得所需的零件。

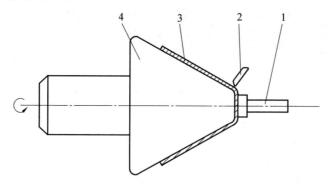

图 6.21　旋压成形示意图

1—顶块；2—旋压轮；3—坯料；4—模具(芯模)

6.4.1　旋压成形特点

（1）生产周期短且产品成本低。旋压成形不需要一般冲压成形加工的模具,即使把芯模作为模具,也只是单模,而且结构十分简单。赶棒或旋轮是通用的,所以旋压成形的生产准备周期短。旋压成形通过塑性变形改变毛坯材料的形状,材料利用率高,产品成本低。旋压成形是将板材或空心毛坯夹紧在芯模上,由旋压机带动芯模。

（2）变形程度大且适应范围广。旋压过程中,材料通过旋轮的挤压作用产生变形。位于旋轮与芯模之间的工件材料受到三向压应力作用,而且属于局部塑性变形,存在有应变分散效应。所以,材料的塑性可以得到充分发挥,获得很大的变形。许多用一般冲压成形难以加工的材料可以进行旋压成形。

（3）改善材料性能。旋压成形中,材料晶粒细化并沿工件母线方向拉长,使工件材料的屈服、强度极限以及硬度均得到提高,力学性能获得改善。

（4）旋压成形体力消耗较大,工人技术水平要求较高,产品质量不稳定,劳动生产率低。随着科学技术水平的不断提高,这些缺点正在逐步改善。

6.4.2　旋压的航空航天应用

旋压成形技术已经在航空航天制造领域取得了广泛应用。在飞机上,各种机头罩、副油箱、进气道、气瓶、拉杆、滑轨作动筒都已经采用旋压成形,在发动机上,螺旋桨桨帽、机匣、唇口、进气锥、喷管、喷口等(图6.22)也部分采用旋压成形工艺。这类零部件结构复杂、材料特殊、尺寸偏大,采用旋压成形工艺后,提高了结构部件的整体性,减少了焊缝和零件变形,减少了手工校形的工作量,更重要的是,由于旋压后材料强度增加,可以降低零件的设计壁厚,从而减轻整机的质量,提高了整机的可靠性。剪切旋压技术如图6.23所示。

图 6.22　旋压成形的螺旋桨桨帽、旋压成形的飞机发动机唇口

图 6.23　剪切旋压技术

副油箱的强力旋压成形最具技术优势。副油箱长2~3 m,传统制造工艺是分瓣成形,然后焊接,分瓣数量在6瓣以上,因此,整个副油箱焊缝数量为十几道,焊接变形大,还需要大量的校形工序,工作量大,制造周期长。将副油箱从中间分成左右对称的两部分,采用强力旋压工艺,用厚板经两次成形,然后在中间焊接,将原来的十几道焊缝减少为一道,大大提高了副油箱的精度和整体强度,降低了制造周期和工装制造费用。飞机上有各种各样的气瓶,形状有球形和柱形。这些气瓶工作压力都很高,有些高达45 MPa,为了满足这个压力要求而又减轻气瓶质量,这些气瓶的结构都是金属材料内衬外部缠绕复合材料,金属内衬有不锈钢、钛合金和铝合金。球形和柱形气瓶内衬传统的制造方法是锻造机加工,即锻造一个壁厚为30 mm左右的筒形毛坯,经数控加工,最后零件的壁厚为1.5~2.5 mm,材料利用率约为3%,材料浪费严重,加工周期长,制造成本高。由于锻造壁厚度大,内部组织经常出现不均匀等情况,机械加工又破坏了金属纤维流向的完整性,降低了产品的疲劳寿命。气瓶内衬采用强力旋压成形,板材毛坯经1~2次强力旋压成形,即可获得所需要的形状和尺寸,大大减少甚至取消

了机械加工,提高了内衬产品寿命;对于柱形气瓶,辅助以普通旋压收口工艺,还可以做到气瓶内衬的整体成形,整个气瓶内衬取消了焊缝,材料利用率也可达90%以上。

6.4.3　旋压成形的应用及类型

旋压成形工艺有着悠久的历史,早期主要用于生产锡、铜、金和银的碗、盘等器皿,采用手工作业。旋压机出现后,它被广泛应用于军工、机械、航空、航天、压力容器、灯具、乐器和生活日用品等的生产中。在航空上,机头罩、发动机罩等零件均可用旋压方法制造。

这类零部件结构复杂、材料特殊、尺寸偏大,采用旋压成形工艺后,提高了结构部件的整体性,减少了焊缝和零件变形,减少了手工校形的工作量,更重要的是,由于旋压后材料强度增加,可以降低零件的设计壁厚从而减轻整机的质量,提高了整机的可靠性。

在旋压过程中,改变毛坯的形状、尺寸和性能,而毛坯厚度不变或有少许变化的成形方法称为普通旋压;在旋压过程中,不但改变毛坯的形状、尺寸和性能,而且显著地改变其壁厚(减薄)的成形方法称为变薄旋压。

6.4.4　普通旋压

普通旋压是使平板坯料渐次包覆于旋压模表面形成空心工件的一种旋压方法。因其宏观效果类似于拉深成形,故又称为拉深旋压。

1. 变形特点

普通旋压过程中,坯料随模具一起旋转,当旋压棒压向坯料时,迫使材料向模具弯折,产生局部塑性变形。由于坯料正在旋转,因此与旋压棒接触的局部塑性变形区材料会不断更新,并迅速扩展至整个圆周,随着旋压棒的进给,塑性变形区进一步遍及全部凸缘,使坯料成为锥形。对于凸缘材料的任一质点来说,它要经过几次"与旋压棒接触—脱离旋压棒接触"的反复,其塑性变形过程也就经历了"加载—卸载"的多次反复,因此,普通旋压过程中材料的变形是不连续的。

2. 变形程度

普通旋压过程中,与旋压棒接触的局部塑性变形区材料变形状态十分复杂。在经过不连续的塑性变形过程中,零件宏观效果上表现出坯料直径缩小、厚度基本不变,即材料在周向发生了压缩变形,而在轴向发生了拉深变形。这与拉深过程中材料的变形情况相似。因此,普通旋压时材料的变形程度也可用拉深系数表示,即

$$m = \frac{d}{D_0} \tag{6.32}$$

式中　d、D_0——零件和坯料的直径,mm。

普通旋压时,坯料尺寸可按面积不变原则计算。坯料直径 D_0 可按等面积法求出,但旋压时材料的变薄较大些,因此应将理论计算值减小 $5\%\sim7\%$ 。极限旋压系数: $m_{圆筒}=0.6\sim0.8$; $m_{圆锥}=0.2\sim0.3$ 。

普通旋压过程和拉深相似,同样存在坯料凸缘起皱和零件底部圆角部位拉裂两种限制因素,只是在普通旋压中,筒壁底部所受拉应力小,正常操作中破裂的危险性较小,而坯料凸缘完全悬空,失稳起皱的危险性更大。生产中采取的防皱措施如下。

(1)选择合适的工艺参数。

(2)采取正确的操作步骤。首先用旋压棒赶压坯料边缘,使这部分材料逐渐靠向旋压模,这时外缘材料基本上不参与变形,保持稳定的刚性圈。然后变形区由内向外逐步扩大,越接近坯料外缘,赶压力必须越小。

(3)在边缘部位用反推辊防皱。

6.4.5　旋压成形工艺参数与模具设计

影响旋压成形的工艺参数很多,下面介绍几个常用的参数。

1. 极限变薄率

不同材料的极限变薄率见表 6.5。

表 6.5　极限变薄率　　　　　　　　　　　　　　　%

材料	牌号	锥形	筒形	材料	牌号	锥形	筒形
钢类	4130	75	75	铝类	2014	50	70
	6434	70	75		2024	50	70
	4340	65	75		5256	50	75
	D6AC	70	75		5086	65	60
	Rene41	40	60		6061	75	75
	A286	70	70		7075	65	75
	Wasapaloy	40	60	钛类（热旋）	纯钛	45	65
	18%Ni	65	75		6-4	55	75
	321	75	75		B120VCA	30	30
	17~7PH	65	65		6-6-4	50	70
	347	75	75		钼	60	60
	410	60	65		铍	35	—
	H11工具钢	50	60	难熔材料（热旋）	钨	45	—

2. 旋轮进给率 f

旋轮进给率是指旋压模每旋转一周旋轮沿零件母线方向的进给量。进给率大小对旋压力大小、成形效率、可旋性和成形质量等均具有直接影响。

进给率越大,生产效率也随之提高,但也使旋压力增大,零件的表面粗糙度增大。同时,进给率过大或过小都可能造成机床的振动或爬行,从而影响零件质量,表 6.6 为旋轮进给率的参考值,仅供参考,选择时应根据实际情况选取。

表 6.6   旋轮进给率的参考值

类型	进给率 f /(mm·r^{-1})	备注
薄板锥形件变薄旋压	0.1~1	
厚板锥形件变薄旋压	1~2	
筒形件变薄旋压	0.3~2.5	常用的是 0.5~1.5

3. 旋压模转速 N

旋压模转速增大,有助于提高生产率,但是过高的转速往往导致旋压模摆动或机床振动,降低加工精度;此外,在进给率和旋压模尺寸确定的条件下,转速增大,材料的变形热量变多,需要更好的冷却条件。表 6.7 为旋压模转速的经验值。

表 6.7   旋压模转速的经验值

材料	转速 N/(r·min^{-1})	材料	转速 N/(r·min^{-1})
硬黄铜板	1 200	紫铜板	600
纯铝板	300~500	不锈钢板	200~300

4. 冷却、润滑

旋压成形过程中,坯料在旋轮的挤压下产生局部塑性成形,变形功大部分转化为热量,加之坯料与旋轮之间的摩擦导致了变形区的高温状态。为了保证旋压成形稳定进行,防止零件材料黏附到旋轮或者模具上,应对坯料主要变形区进行充分冷却和必要润滑。表 6.8 为旋压成形常用的冷却润滑剂。

表 6.8   旋压成形常用的冷却润滑剂

材料	冷却润滑剂
铝合金	机油
低碳钢	机油

续表 6.8

材料	冷却润滑剂
合金钢	乳化液
不锈钢	机油或乳化液冷却,二硫化钼油剂润滑

5. 旋轮尺寸参数

旋轮在成形过程中需要对坯料施加压力,同时剧烈旋转,是旋压成形的主要工艺装备之一,对旋压成形效果有很大影响。表 6.9 所示为旋轮结构参数的经验值,图 6.24 所示为旋轮结构参数示意图。

表 6.9　旋轮结构参数的经验值

材料		前角 α/(°)	后角 β/(°)	圆角直径 ρ /mm	旋轮安装角 γ /(°)
软钢		3～6	3～5	0.015～0.03	20～25
不锈钢	退火				25～30
	未退火				25±3
合金钢					25～30
铝及其合金		3	3	0.04～0.09	12～15
黄铜		3	3	—	25～30

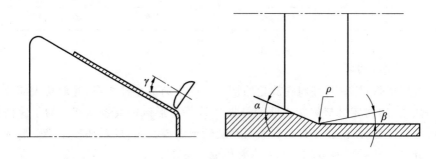

图 6.24　旋轮结构参数示意图

6.5　冲压新技术

　　冲压新技术是指除了拉深成形、滚弯成形、蒙皮拉形、胀形成形等主要成形工艺外的其他一些特殊的成形工艺,如超塑性成形、内高压成形、电磁成形等。

6.5.1　超塑性成形

　　超塑性成形是以超塑性金属为模具型腔坯料,在超塑性状态下,将工艺凸模压入坯料内部实现模具型腔成形加工的一种工艺方法,即利用某些金属在特定条件下所呈现的超塑性进行锻压成形的方法。金属的塑性通常用延伸率表示,其值一般小于 40%。但在特定的条件下金属呈超塑性,其特征是延伸率可提高几十到几百倍,最高可达 2 000% 以上。

1.超塑性成形特点

　　(1)大变形。

　　超塑性材料在单向拉伸时延伸率极高,无缩颈,变形稳定性好。特别是在航空航天领域,有许多形状复杂的结构件可以借助超塑性成形制造,减少零件、结构件数量,减轻整体质量。据报道,超塑性工艺可以为战斗机的某些部件减重 20%～30%,减少耗油量,提高作战性能。

　　(2)小应力。

　　超塑性变形条件下的变形抗力只有一般条件下的几分之一到几十分之一。例如,Zn—22Al 合金在 250 ℃时的流动应力只有 2 MPa 左右。因此,超塑性成形所需设备吨位小,只有常规模锻设备吨位的 1/5～1/10,甚至可以气压成形,机床设计和制造方便。

　　(3)易成形。

　　超塑性变形过程中没有应变硬化或硬化极小,其流动性、充填性极好,可以成形弯曲半径很小和形状复杂的零件,而且没有回弹变形,零件尺寸稳定,使得一些难加工材料变成易加工材料,且模具制造方便。

　　(4)周期短。

　　利用超塑性工艺可以简化设计,减少成形工序,缩短产品开发周期。虽然超塑性变形对应变速率敏感,通常要求比较低而恒定的应变速率,生产率不高,但近几年来,高应变速率材料越来越多,应变速率可以达到 10^{-1} 数量级,如 $Si_3N_4/Al6061(\delta=700\%)$、$IN9021(\delta=1\,250\%)$ 等,可以满足生产效率的要求。

(5)低成本。

超塑性成形机床吨位小,可以节省能源和设备成本。成形模具寿命长,模具数量少,甚至只需要半模。在复杂钣金零件生产领域,经济效益可观。然而超塑性成形也有缺陷,即有时要求在极低的应变速率下成形,故生产效率低,以及板材超塑性成形是通过板材的厚度变薄来实现的,受模具摩擦和形状的影响,势必造成板材成形后零件的厚度分布不均匀,这是超塑性成形研究需要解决的问题。

2. 超塑性成形分类

按照现实超塑性的内在和外在条件分类,超塑性可分为细晶超塑性和相变超塑性。

细晶超塑性即恒温或结构超塑性,也称为静态超塑性。细晶超塑性应具备三个条件,即晶粒度细小、变形温度恒定、变形速度缓慢。

相变超塑性即变温或变态超塑性,也称为动态超塑性或环境超塑性。对金属及合金在一定应力和温度的作用下,经受反复的循环相变,从而累积很大的变形量,称为相变超塑性。因此,其首要条件是金属材料具有固态结构转变(相变)能力,不具有相变的金属材料就不能呈现此类超塑性。还有在应力的作用下,在相变温度上下循环加热和冷却,诱发金属材料产生反复的结构变化,使金属原子发生剧烈运动,经过多次的相变温度循环即可得到累积很大的变形量,故它又称为动态超塑性。相变超塑性不要求细晶粒组织,而要求温度频繁变化,实现控温较难,在生产上难以实现。目前,主要用于扩散连接、热处理和切削加工。

3. 超塑性成形工艺设计

(1)温度。

超塑性只能在低于临界温度的某一小温度区间发生,一般认为当温度为 $(0.5\sim0.7)T_m$ 时发生,T_m 为材料熔点绝对温度。这时金属材料没有相变等组织结构上的转变,故有时也称为恒温超塑性或静态超塑性。当接近临界温度时,可以认为金属内部组织处于不稳定状态,原子热运动增加,变形易于发生。同时也可理解为,在晶粒相互移动和转动的过程中,部分晶界不可避免要遭到破坏,要使变形持续进行,就需要一个对晶界损伤的越合修复过程,而扩散迁移的加快有助于晶界修复,当温度在 $(0.5\sim0.7)T_m$ 时,正是扩散现象得到发展的温度。温度越高,扩散过程进行得越强烈,但晶粒的长大过程更快,因而对超塑性成形不利。超塑性成形的最佳温度可以通过正交实验或材料的 S 曲线来确定,部分超塑性合金成形温度见表 6.10。

表 6.10　部分超塑性合金成形温度

超塑性合金	成形温度范围/℃	超塑性合金	成形温度范围/℃
Zn－22Al	250～275	7075	500～510
铝－锂合金	520～530	7475	500～516
2024	400～435	TC4(Ti－6Al－4V)	900～930
SUPRAL 150	350～475	TA7(Ti－5Al－2.5Sn)	900～1 100

(2)晶粒度。

材料在变形之前,要求有极细的晶粒度、等轴、双相,且在变形期间要保持稳定。晶粒细化要求直径为 $0.5\sim5\ \mu m$,一般不超过 $10\ \mu m$。这是由于超塑性变形不全是晶内滑移变形机制在起作用,而是晶粒间的移动与转动在起主导作用,要求晶粒数量多、边界长度短,这只有细小又是等轴的晶粒才易于实现。晶粒越细,越接近球状,则晶界接触面越小,相互移动所需的力也就越小,变形越易进行。一般选择双相组织的合金进行超细化,原因是双相合金一相为基体,另一相分散在基体之中,超塑性成形时,两相可以相互抑制晶粒长大。这些细小的等轴晶粒在变形过程中能够满足组织稳定性的要求,这样才有充足的热变形持续时间,以获得大的变形量,并大大消除加工硬化现象。细晶粒可以通过合金化、控制凝固过程、热处理、塑变及再结晶等方式获得。

(3)应变速度。

应变速度 $\dot{\varepsilon}$ 是指单位时间内的应变量,亦称为应变速率,其单位为 s^{-1} 或 min^{-1}。超塑性变形对应变速率很敏感,只有在低应变速率下才能发生。应变速率 $\dot{\varepsilon}$ 在 $10^{-4}\sim10^{-1}s^{-1}$ 范围内,且在 $10^{-3}\sim10^{-2}s^{-1}$ 区间表现出最佳的超塑性。这是由于原子在晶体中的扩散速率较低,要求应变速率也相应较低,以使扩散和晶粒间滑动的速率相适应。相反,如以较高的速率变形,则扩散过程来不及进行,晶界破坏来不及修复,超塑性就会降低或丧失,但应变速率 $\dot{\varepsilon}$ 也与晶粒度有关,晶粒度越细小,最佳超塑性区间就会向高的应变速率方向移动。

4. 超塑性成形工艺方法

(1)真空成形法。

真空成形法是将模具内腔抽真空,使处于超塑性状态的坯料吸附在模具上。这种方法用于简单构形的小尺寸薄板尺寸,成形压力一般小于 0.1 MPa,零件成形外形精确。真空成形示意图如图 6.25 所示。

(2)超塑气压成形法(吹塑成形法、气压胀形法)。

超塑气压成形法是一类目前研究最多、应用最广泛的成形方法。

(3)自由吹塑成形法。

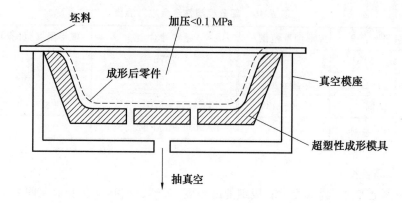

图 6.25　真空成形示意图

自由吹塑成形法无模具，靠气压自由吹塑，形成整球或半球。自由吹塑成形示意图如图 6.26 所示。

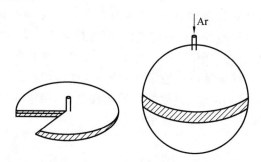

图 6.26　自由吹塑成形示意图

（4）凹模吹塑成形法。

用凹模吹塑成形法成形的零件边厚底薄，外形成形精度高，使用坯料较小，适用于深宽比不大于 0.4 的零件。凹模吹塑成形示意图如图 6.27 所示。

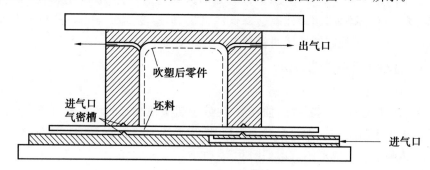

图 6.27　凹模吹塑成形示意图

（5）凸模吹塑成形法。

用凸模吹塑成形法成形的零件边薄底厚，内形成形精度高，使用坯料较大，适用于深宽比大于 0.6 的零件。凸模吹塑成形示意图如图 6.28 所示。

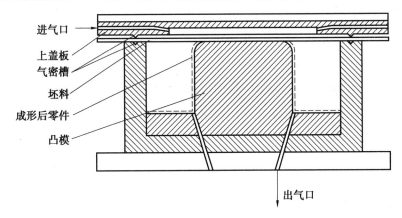

图 6.28　凸模吹塑成形示意图

（6）复合成形法。

复合成形法是凹模吹塑成形和凸模吹塑成形的相互结合，适用于成形构形复杂的零件，是最有实用价值的一种方法，复合成形示意图如图 6.29 所示。

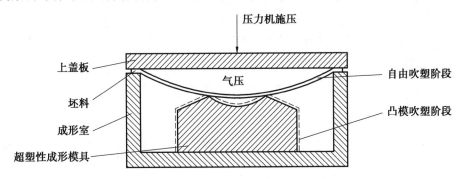

图 6.29　复合成形示意图

（7）超塑模压成形法。

超塑模压成形法与传统的耦合模成形法基本相同，其唯一的不同点是坯料处于超塑性状态的热氛围之中。这种成形法所用模具结构复杂，要求特殊，费用昂贵。超塑模压成形法常用于等温挤压成形。

5. 超塑性成形的零件材料

超塑性成形的零件材料见表 6.11。

表 6.11 超塑性成形的零件材料

超塑性成形常用的零件材料	超塑性成形常用的模具材料	
	国内	国外
TC4(Ti−6Al−4V)	耐热中硅钼球墨铸铁、K3 合金钢、GH 合金钢、R45(Cr22Mn4Ni4Si2N)	22−4−9(22Cr4Ni9Mn)、65Ni20Fe13Cr1Mn0.5Si0.5Al、ESCO49−M、ESCO49−C、C/C 复合材料
Zn−22Al	45 钢、Q235 钢、铸铝及铸铁等	铸铁、石墨、石膏、陶瓷、耐热水泥、塑料、Cr12、Cr12MoV 等
铝合金	45 钢、中硅钼铸铁及低合金模具钢	低合金模具钢、砂型铸铝、混凝土、铸铁、CrWMn、5CrMnMo 及 4Cr5MoSiV
IN744 不锈钢	铸造陶瓷、超合金钢等	

6.5.2 内高压成形

内高压成形是一种制造空心整体构件的先进制造技术,是一种以管材为坯料,以油液为传压介质,在管材内部施加超高压的同时,对管坯的两端施加轴向推力进行补料。内高压成形示意图如图 6.30 所示。

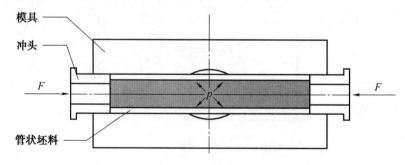

图 6.30 内高压成形示意图

相对于传统的薄板冲压与焊接工艺,内高压成形以管材为加工对象,具有以下特点。

(1)内高压成形工艺可减少开发与制造成本,提高材料利用率。内高压成形件通常只需一副模具,而薄板冲压往往需要三道及以上的工序,工装开发及后续的制造成本将会大大提高。工序减少,其工艺废料也会相应减少。在满足零件使用要求的情况下,内高压成形的空心零件较冲压焊接组合件可实现减重

20%～30%，材料利用率提高 30%～50%。

（2）内高压成形工艺可提高零件加工精度与安全性能。针对形状复杂的零件，内高压成形可实现一次成形，避免了零件在多序加工过程中产生的累积误差，从而提高零件精度。内高压成形属于冷加工工艺，通过变形过程中的加工硬化可大大提高零件强度，且原始管坯的整体性较好，其整体刚度也能得到保证，因此应用于航空航天的承载结构件中可提升机身的安全性能。

（3）由于内高压成形所需压力较高，所以合模压力机所需吨位也较大，通常在 3 500 t 以上，其高压生成源及电气控制系统相对复杂，设备制造成本也高。另外，因零件成形质量和壁厚分布与加载路径密切相关，其研发与试制费用较高。这些因素在一定程度上限制了内高压成形工艺的发展与普及。

内高压成形作为一种现代塑性加工技术，使管坯在两种外力的作用下产生塑性变形，最终与模腔内壁贴合，从而成为具有三维形状的零件。按管坯成形特点，零件分为成形区和送料区：成形区是管坯发生塑性变形直径变化的部分；送料区是向成形区补料的部分。

内高压成形时管端密封是由冲头和模具挤压形成刚性密封，因此该处模具容易磨损，通常在模具密封段采用耐磨镶块来提高模具寿命。在零件成形后，依靠模具内的辅助液压缸完成开槽、冲孔等后续工序。然后油液卸压，轴向冲头回程，液压压力机滑块上行，即可取出零件。

6.5.3　电磁成形

电磁成形指利用磁力使金属成形的工艺，电磁成形原理图如图 6.31 所示。电容和控制开关形成放电回路，瞬时电流通过工作线圈产生强大的磁场，同时在金属工件中产生感应电流和磁场，在磁场力的作用下使工件成形。现已广泛应用于机械、电子、汽车工业、轻化工及仪器仪表、航空航天、兵器工业等诸多领域，应用前景十分广阔。

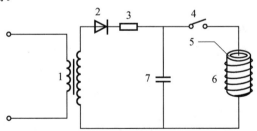

图 6.31　电磁成形原理图

1—升压变压器；2—整流元件；3—限流电阻；4—高压开关；5—金属坯料；

6—成形线圈；7—脉冲电容器组

1. 电磁成形特点

(1)易于实现高速成形、生产效率高;加工精度高,电磁力的控制误差可在0.5%以内。

(2)适用于实现各种工艺参数和成形过程的控制,易实现生产过程的机械化和自动化。

(3)适用于非机械接触性加工。电磁力是工件变形的动力,它不同于需添加润滑剂从而省去施力设备,无须与工件进行直接接触,因此工件表面无机械擦痕,也无须添加润滑剂,从而省去了后续的清理工序,对生产环境没有特殊要求,不会造成环境的污染。

(4)电磁成形设备可实现工件的多步、多点、多工位成形,有助于实现生产的柔性化。

(5)电磁成形工艺装备及模具十分简单,只需要一个凸模或凹模即可实现加工,所以模具及工装的费用较低。

(6)电磁成形可以实现金属和非金属的连接和装配,对装配前的零件加工精度无特殊要求,不必担心非金属装配零件的损坏。

(7)电磁成形时,毛坯的变形不是由刚体模具的外力,而是由电磁力体积力引起的,因此毛坯的表面不受损伤,可以将表面抛光工序等安排在成形加工和装配的前方,而且可以减轻因刚体模具引起的局部过度变薄。另外,磁场可以穿透非金属材料,所以可以对有非金属涂层放在容器内的工件进行加工。

(8)电磁成形工艺适于加工铜、铝和低碳钢等良导体材料,对导电性能差的材料加工效率低,但可以利用良导体作为驱动片进行间接加工或采用特制的高频率机器。

(9)工件变形源于工件内部带电粒子受磁场力作用。因此,工件变形受力均匀,残余应力小,疲劳强度高,使用寿命长,加工后不影响零件的机械、物理、化学性能,也不需要热处理。

2. 电磁成形分类

电磁成形加工在工业制造中的应用方法很多,可广泛用于管材的胀形、缩径、冲孔翻边和连接,板材冲裁、压印和成形,组装件的装配,粉末压实,电磁铆接及放射性物质的封存等。电磁成形有以下几种加工方式的应用。

(1)对管材的电磁成形加工。

管材成形是电磁成形技术中应用较多的方面,主要有管坯自由胀形、有模成形、管的校形、管段翻边、扩口及管坯的局部缩径、管段的缩口、异形管成形等。由于电磁成形时,管坯变形分布均匀,变形硬化不显著,因此材料的成形性得以提高,与静态的冲压相比,电磁成形方法可以提高胀形系数 30%~70%。壁厚变薄甚至破裂是管坯胀形的主要问题。现在该工艺已应用于某些重要部件的收口成形及其校形。

对于管材的加工还可以细分为内向压缩成形加工和外向胀形成形加工。当工件处于线圈的内部、模具的外部时,工件将在电磁力的作用下向内压缩,此方法可用于管材的缩颈等加工;与此相反,当工件处于线圈的外部、模具的内部时,工件则发生外向的胀形,该方法常用于管材的胀形、翻边等加工。

(2)电磁冲裁。

电磁冲裁装置线圈放电时,磁场力使驱动片向下运动,进而驱动滑块组合件。冲头在滑块的驱动下对工件进行冲裁加工。电磁冲裁与普通冲裁相比,成形设备和模具简单,使用方便,成形率高,属于高速成形。由于成形速度快,其工件的断面质量好,端面平整光滑,无圆角带,几乎没有断裂带和毛刺,因此,电磁冲裁要优于普通冲裁。如果能将其应用于实际工业生产中,必将带来巨大的经济效益。

(3)电磁铆接。

电磁铆接是基于电磁成形技术基础上发展起来的一种铆接方法。放电开关闭合的瞬间,初级线圈中流经一快速变化的冲击电流,在线圈周围产生强磁场。该磁场使与初级线圈耦合的磁极线圈产生感应电流,进而产生涡流磁场,两磁场相互作用产生强的涡流斥力,即放大器的输入力,此力在放大器中传播时经不断的反射和透射,输出一个波形和峰值,改变了的应力再传至铆钉,使铆钉在很短的时间内完成塑性变形。电磁铆接属冲击加载,加载速率高,应变力大,材料的变形方式不同于压铆等准静态加载,因而电磁铆接具有其他铆接方法无法替代的技术优势。20世纪80年代我国开始研究电磁铆接技术,已研制成功固定式和手提式电磁铆接设备。但这些铆接设备采用高电压(4~10 kV),致使设备体积庞大,成本高,安全可靠性差,放电频率高。高放电频率导致铆钉成形时间短,材料的应变率高,镦头容易产生微裂纹,加之人们对高电压的畏惧心理,所以限制了这一先进工艺方法的应用。国外从70年代初开始研究电磁铆接技术,到80年代末,该技术在航空工业中已成为解决铆接难题的一项关键技术。为消除高电压铆接时应变率过大而导致铆钉镦头出现微裂纹和剪切破坏,美国80年代末开始研究低电压电磁铆接技术,并申请了低电压铆接专利,90年代初成功研制低压电磁铆接设备,开始在波音747、A320等飞机上应用。低电压铆接方法解决了高电压铆接不能解决的许多问题,使电磁铆接技术很快得到广泛应用。

(4)电磁焊接。

虽然很少见到有关电磁成形在焊接方面应用的报道,但当某些条件满足时,电磁成形确实可以应用于焊接。比如管与板之间的焊接,管与管之间的焊接以及薄板与厚板之间的焊接等。焊接所要求的条件包括清洁的表面,焊接时要有利于间隙中空气的排出,要有足够的能量和适当的频率(使运动件达到一定的速度),运动件要以某一角度(而不是垂直的)向静止件的表面撞击等。焊接的实现在于高速撞击使材料表面产生瞬时剧烈变形(特别是当以一定角度撞击时),从而产生高温甚至熔化,使两块材料焊合起来或通过扩散连接起来,从而实现材料的焊接。

6.6　其他成形工艺的航空航天、智能制造应用

6.6.1　航空航天应用

超塑性成形是利用材料特定条件下的超塑性对板材进行成形的方法,超塑气压成形的模具内通入压缩气体或抽出空气形成负压,使板材贴紧模具成形。它主要应用于航空航天领域,如采用钛合金超塑性成形飞机引擎的入口环、舱门、排气喷嘴部位的排气锥、翼片等,国内外许多公司与科研院所均开展了超塑性成形的相关研究,图 6.32 所示为国外超塑性成形火箭铝合金波纹管、卫星钛合金贮箱和飞机框罩。

图 6.32　国外超塑性成形火箭铝合金波纹管、卫星钛合金贮箱和飞机框罩

近年来,国外提出超塑性成形/扩散连接＋焊接(SPF/DB with Welding)技术作为超塑性成形/扩散连接(SPF/DB)技术的扩展和补充,并在钛合金多层夹芯结构上取得了很好的效果,图 6.33 所示为超塑性成形/胶接造出的 8090 铝合金多层结构。首先是加强筋之间的激光连接,其次是芯板与面板的超塑性成形,最后是芯板与面板之间的胶接。

图 6.33　超塑性成形/胶接造出的 8090 铝合金多层结构

由于 Inconel718 合金具有优异的综合性能,其在我国航空航天领域得到了广泛应用,并且绝大多数都是关键部件,例如大推力液体火箭发动机和氢氧发动机用涡轮转子、轴套、热气导管、紧固件、燃气集合器等重要承力构件,其筒形多层结构在飞行器的耐热、隔热方面有着广泛的应用。一般多层结构主要采用 SPF/DB 工艺制造,但由于 Inconel718 合金高温强度高,扩散连接困难,因此难以应用 SPF/DB 技术制造。激光焊接属于现代加工技术,目前激光焊接在工业领域中的应用范围正在迅速扩大,其在汽车制造、航空航天和电器设备制造领域等应用十分广泛。因此,采用激光连接＋超塑性成形组合技术制造多层夹芯结构将具有十分重要的意义。该技术将不仅解决 Inconel718 合金多层夹芯结构的制造难题,同时也能扩展多层结构的成形方法。

在以上基础上通过 LBW＋SPF 技术制得了细晶 Inconel718 合金三层夹芯筒形件,筒形件超塑性成形模具如图 6.34 所示。通过改变卡具的内径很好地解决了夹芯筒结构的激光焊接问题,采用点焊加固等措施成功地对筒形件进行了激光焊接,设置好夹芯筒结构的超塑性成形参数。LBW＋SPF 工艺成形的三层夹芯筒结构件外观形状良好,内部夹芯结构达到设计要求。成形压力对控制夹芯筒结构的外形十分重要,压力的主要作用是确保未焊接部位的超塑性成形。由于 Inconel718 合金流动应力较高,为保证内部结构顺利成形,最终压力较高,保压时间较长。通过合理控制气压和时间,可使成形后的筒形多层结构夹芯结构具有良好的外观形状,超塑性成形后三层夹芯筒结构的整体照片如图 6.35 所示。

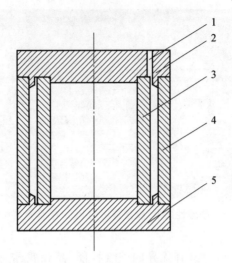

图 6.34　筒形件超塑性成形模具

1—胀形时进气管通道;2—模具上盖;3—模具内筒;4—模具外筒;5—模具下盖

图 6.35　超塑性成形后三层夹芯筒结构的整体照片

6.6.2　冲压新技术的智能制造

随着六轴工业机器人的发展,其应用加入到渐进成形中,具有较高的应变率,可以成形几何形状复杂零件等的生产,机器人辅助渐进成形装置示意图与实验台如图 6.36 所示。其中板材的渐进成形制造由六轴工业机器人完成,首先对成形工具路径进行规划,成形工具会以编程出的既定轨迹与参数运行,对板材进行加工,生产出零件,同时板材由液压腔内的加压流体支撑。用于板材成形的工具是固定的球形工具,通过圆筒和活塞装置产生流体压力。完整的制造完成后,控制储存器的阀门打开,液体返回到液压储存器。以上机器人辅助的渐进成形方法,通过液压控制成形中发生的回弹,与常规渐进成形相比,成形出的方锥形工件厚度均匀性也更优,成形质量更高,机器人辅助的渐进成形出的方锥件如图 6.37 所示。

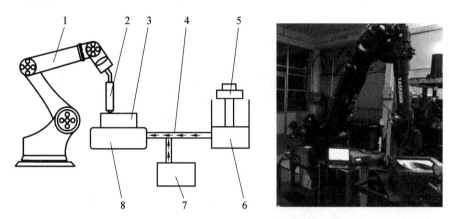

图 6.36　机器人辅助渐进成形装置示意图与实验台
1—六轴工业机器人;2—渐进成形工具头;3—板材和压边工具;4—液压管;5—液压泵;
6—液压腔;7—液压储存器;8—液压腔

图 6.37　机器人辅助的渐进成形出的方锥件

习　　题

6.1　简述胀形成形的定义及特点。

6.2　翻边成形可以分为哪几类?

6.3　缩口过程常见的失效形式有哪些?

6.4　旋压成形对坯料有什么要求?

6.5　常见的冲压新技术有哪些? 举例说明其应用前景。

参 考 文 献

[1] 中国锻压协会. 航空航天钣金冲压件制造技术[M]. 北京:机械工业出版社,2013.

[2] 吴诗惇,李淼泉. 冲压成形理论及技术[M]. 西安:西北工业大学出版社,2012.

[3] 王秀凤,张永春. 冷冲压模具设计与制造[M]. 北京:北京航空航天大学出版社,2012.

[4] 王海宇. 飞机钣金工艺学[M]. 西安:西北工业大学出版社,2011.

[5] 陈传胜. 冲压成形工艺与模具设计[M]. 北京:电子工业出版社,2019.

[6] 许国红. 冲压成形工艺及模具设计[M]. 北京:清华大学出版社,2016.

[7] 查五生. 冲压成形工艺及模具设计[M]. 重庆:重庆大学出版社,2015.

[8] 宋拥政. 航空航天钣金冲压件制造技术[M]. 北京:机械工业出版社,2013.

[9] 刘闯. 钣金件数字化制造数据库工程技术应用案例集[M]. 北京:国防工业出版社,2016.

[10] 翁其金,徐新成. 冲压成形工艺及冲模设计[M]. 北京:机械工业出版社,2012.

[11] 郎利辉. 板材充液先进成形技术[M]. 北京:机械工业出版社,2014.

[12] 闵峻英,林建平. 金属板材热辅助塑性成形理论[M]. 上海:同济大学出版社,2014.

[13] 曹建国. 金属冲压成形工艺与模具设计[M]. 北京:中国铁道出版社,2015.

[14] 李春峰. 金属塑性成形工艺及模具设计[M]. 北京:高等教育出版社,2016.

[15] 王昕,张成祥,胡蓝,等. 镍基合金火焰筒拉深成形工艺研究[J]. 塑性工程学报,2019,26(3):63-69.

[16] 李中权,肖旅,李宝辉,等. 航天先进轻合金材料及成形技术研究综述[J]. 上海航天,2019,36(2):9-21.

[17] 刘闯,史航,李仁花,等. 飞机框肋类钣金零件智能制造技术开发与应用[J]. 航空制造技术,2018,61(13):80-84,100.

[18] 范玉斌,刘闯,吴红兵,等. 全三维模型驱动的复杂产品智能制造[J]. 计算机集成制造系统,2017,23(6):1176-1186.

[19] 张成祥. 典型航空发动机钣金件成形工艺研究[D]. 南京:南京航空航天大学,2016.

[20] 成靖,李晓军,曾一畔,等.航空复杂钣金构件冲压成形的研究与应用[J].锻压技术,2018,43(12):25-29.

[21] 胡丽华,王涛,任少蒙,等.U形件回弹角最小化的弯曲成形工艺粒子群优化[J].锻压技术学报,2020,45(11):60-67.

[22] 时俊浩,石皋莲,顾涛,等.飞机仪表盘的数控加工工艺研究与实施[J].机械工程师,2019(4):166-167,170.

[23] 付颖,张昭,杨恒,等.高强小弯曲半径钛管热场辅助数控弯曲工艺参数确定性优化[J].塑性工程学报,2021,28(4):60-69.

[24] 刘强.航空航天制造中的智能化技术[J].现代制造,2020(16):8-9.

[25] 张雅晶,董文彬,杨拓宇,等.基于BP神经网络的激光弯曲成形工艺参数优化[J].塑性工程学报,2020,27(8):66-71.

[26] 王良,辛本礼,白鹰,等.基于加工测量一体化技术的弯曲壁板工艺优化[J].上海航天(中英文),2020,37(S2):229-235.

[27] 黄建科,李明仁.民用飞机管路件弯曲工艺分析[J].民用飞机设计与研究,2015(1):58-61.

[28] ZHANG Shaohua, CHEN Junwei, YANG Gongzheng, et al. Simulation of tube free bending process based on ABAQUS[J]. International core journal of engineering,2021,7(8):425-428.

[29] SAFARI MEHDI,ALVES DE SOUSA RICARDO J,et al. Experimental investigation of the effects of irradiating schemes in laser tube bending process[J]. Metals,2021,11(7):1123.

[30] 杨声伟,于弘喆,张淳,等.充液成形技术在航天火箭整流罩成形中的应用[J].航空制造技术,2020,63(Z1):81-86.

[31] 陈林,熊爱奎,王英杰,等.航空发动机高锥体零件充液成形工艺[J].锻压技术,2020,45(7):72-76.

[32] PRAKASH SINGH R, KUMAR GUPTA S, KUMAR SINGH P, et al. Robot assisted incremental sheet forming of Al6061 under static pressure:preliminary study of thickness distribution within the deformation region[J]. Materials today:proceedings,2021,47(11):9-12.

[33] 王萌.飞机导管数控弯曲成形技术的研究[D].哈尔滨:哈尔滨工业大学,2016.

[34] 胡建国.冲压成形加工的新技术[J].锻压装备与制造技术,2006(5):10-14.

[35] 由博.飞机钣金零件的冲压成形加工工艺设计[J].科学技术创新,2020(29):195-196.

[36] 马骏,徐立振,夏琴香,等.新型模具数字化制造关键技术的创新[J].新型工

业化,2020,10(11):57-58.

[37] 谷欣航,车剑昭,韩志仁,等.智能化思想在钣金件拉深类模具设计中的应用[J].沈阳航空航天大学学报,2021,38(1):40-46.

[38] 蒋鹏,胡建军,许洪斌,等.基于知识的模具设计[J].机械设计与制造,2006(11):143-144.

[39] 任小博.基于 Pro/E 的冲裁模智能化 CAD 系统的设计与实现[D].西安:西安电子科技大学,2012.

[40] 刘元朋.冲裁模智能 CAD 系统的开发[D].西安:西北工业大学,2002.

[41] 李娜.基于遗传算法的冲裁件优化排样[D].南京:南京航空航天大学,2008.

[42] 田石祥.冲裁上料机器人设计与视觉伺服系统的研究[D].上海:东华大学,2011.

[43] 姜天亮,龚红英,施为钟,等.基于响应曲面法 U 形件弯曲成形工艺参数优化[J].上海工程技术大学学报,2019,33(3):278-282.

[44] 官英平.板材 V 型自由弯曲智能化控制技术的研究[D].秦皇岛:燕山大学,2005.

[45] 季廷炜.板料成形工艺智能设计关键技术研究[D].济南:山东大学,2008.

[46] 余心宏,董秋月,赵小军.飞机小半径导管中频压缩弯曲工艺研究[J].航空制造工程,1998(2):19-21.

[47] 赵军,马瑞,李建.盒形件智能化拉深过程中材料性能参数的识别[J].塑性工程学报,2009,16(2):10-14.

[48] 陈岚峰,杨静瑜,崔崧,等.基于 MATLAB 的最小二乘曲线拟合仿真研究[J].沈阳师范大学学报(自然科学版),2014,32(1):75-79.

[49] 韩飞,莫健华,黄树槐.电磁成形技术理论与应用的研究进展[J].锻压技术,2006(6):4-8.

[50] 曲凤盛.Inconel718 高温合金多层夹芯结构的 LBW＋SPF 技术[D].哈尔滨:哈尔滨工业大学,2010.

[51] YAGAMI T,MANABE K,YANG M,et al. Intelligent sheet stamping process using segment blank holder modules[J]. Journal of materials processing technology,2004,155-156:2099-2105.